にっぽんの カワセミ

監修 **矢野 亮**
編集 **ポンプラボ**

KANZEN

童話「やまなし」*

（宮沢賢治 作）より

> あらすじ　五月、小さな谷川の青じろい水の底で、二疋の蟹の兄弟が頭上を泳ぐ魚を眺めながら話していました。そこに突然……。

　その時です。俄に天井に白い泡がたって、青びかりのまるでぎらぎらする鉄砲弾のようなものが、いきなり飛込んで来ました。

　兄さんの蟹ははっきりとその青いもののさきがコンパスのように黒く尖っているのも見ました。と思ううちに、魚の白い腹がぎらっと光って一ぺんひるがえり、上の方へのぼったようでしたが、それっきりもう青いものも魚のかたちも見えず光の黄金の網はゆらゆらゆれ、泡はつぶつぶ流れました。

　二疋はまるで声も出ず居すくまってしまいました。

　お父さんの蟹が出て来ました。

『どうしたい。ぶるぶるふるえているじゃないか。』

『お父さん、いまおかしなものが来たよ。』

『どんなもんだ。』

『青くてね、光るんだよ。はじがこんなに黒く尖ってるの。それが来

たらお魚が上へのぼって行ったよ。』

『そいつの眼が赤かったかい。』

『わからない。』

『ふうん。しかし、そいつは鳥だよ。かわせみと云うんだ。大丈夫だ、

安心しろ。おれたちはかまわないんだから。』

*宮沢賢治『新編風の又三郎』（新潮文庫）収録

宮沢賢治（みやざわけんじ）
1896（明治29）年8月27日-1933（昭和8）年9月21日。詩人、童話作家。生
前に刊行されたのは詩集『春と修羅』、童話短編集『注文の多い料理店』。その独
創的な世界は没後広く知られることとなった。代表作に「雨ニモマケズ」「銀河鉄
道の夜」「風の又三郎」。『クラムボンはかぷかぷわらったよ。』といった蟹の兄弟の
不思議な会話も印象深い「やまなし」は1923（大正12）年4月8日付『岩手毎日新
聞』に掲載された、宮沢賢治の数少ない生前発表童話のひとつ。

はじめに
〜カワセミという鳥

4

実際見たことはなくても、誰しもその名を一度は耳にしたことがあるでしょう。「青びかりのまるでざらざらする鉄砲弾のよう」——小学校の国語教科書にも掲載されている宮沢賢治の童話「やまなし」（→P2-3）に蟹の兄弟目線で描かれた、なんだか不穏な存在として記憶していた人もいるかもしれません。しかし、「空飛ぶ宝石」と呼ばれる所以でもあるコバルトブルーに輝く羽は、地味な色みが多い日本の野鳥の中ではまさに出色。一度でもその可憐な姿を目にした人は一瞬にして心奪われてしまう、それがこのカワセミという鳥でもあります。

　本書はカワセミの調査研究に30年以上取り組まれてきた矢野亮先生の監修により、カワセミの生態の紹介をしながら、古来、人々を魅了し続けてきたその魅力の一端に迫るビジュアルガイドです。四季折々の自然を背景にしたカワセミ撮影をライフワークにされている山本直幸さん、カワセミに出会った新鮮な感動を届けてくれる三島薫さんたちによる、美しくエキサイティングな写真とともにお届けしていきます。

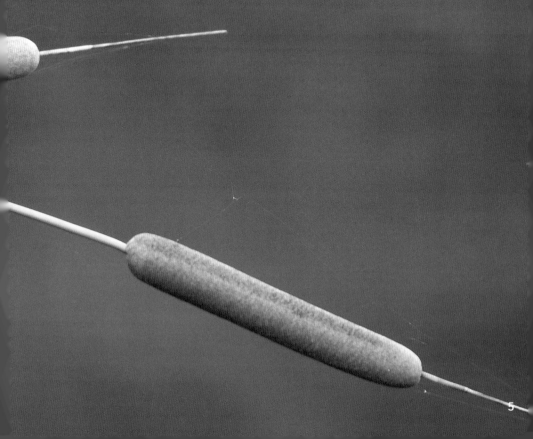

カワセミ記念日

——あ。

「ひと目会ったその日から」「恋の花咲くこともある」野鳥といえば、そう、カワセミ。初めて目にした瞬間は、誰しも心沸き立つこと間違いなし！その姿を求めて各所に足を延ばす熱烈ファンも少なくありません。

いた！ いた！！！

初めての特別な瞬間 (とき) 待ち続け

出会えた今日は

「カワセミ記念日」

もくじ

PART-I

カワセミスタイル

ほぼ
実物大

和名：カワセミ（漢字表記：翡翠ほか）
学名：*Alcedo atthis*
英名：Common Kingfisher ほか
ブッポウソウ目カワセミ科カワセミ属
全長：約17cm　体重：約35g　翼長：6.8〜7.6cm　翼開長：約25 cm　嘴峰長：3.3〜4.3 cm
留鳥（北海道では夏鳥）

＊留鳥…同じ地域に一年中生息する（季節移動しない）鳥　夏鳥…春になると南方から渡来して繁殖、秋に渡去
する　冬鳥…秋に北方から渡来して越冬、春に渡去する　旅鳥…春と秋の渡りの時期に日本に立ち寄る鳥
漂鳥…日本国内を季節移動する鳥　迷鳥…通常は渡来も通過もしないが、悪天候などで日本に迷い込んだ鳥

美しい羽色に大きなくちばし。独自の特徴から見分けはつくけれど細部
となると──？　そんなカワセミの形状を各方向からじっくりチェック！

スタイル❶
前から
〈front〉

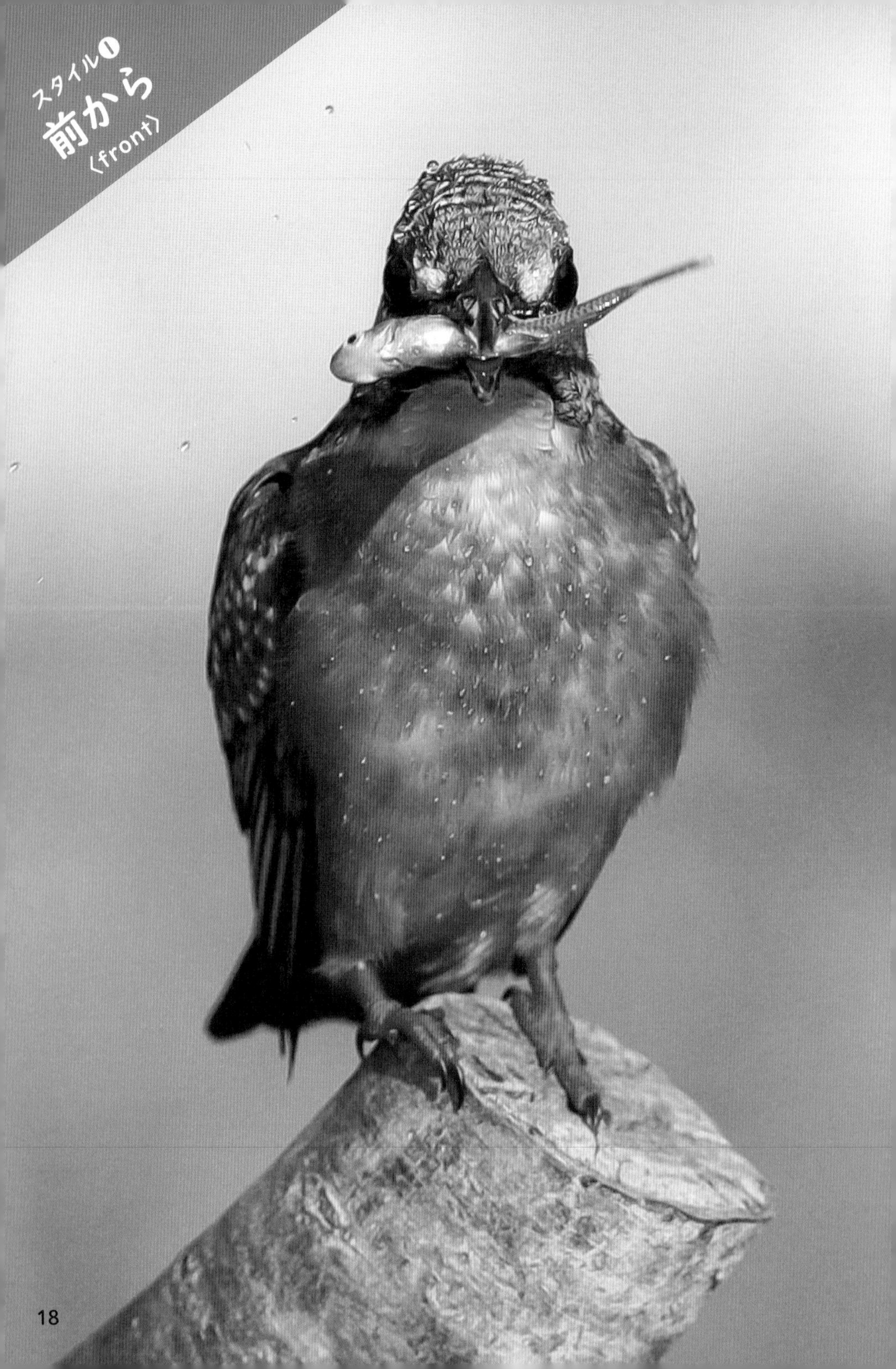

いきなりクイズ!

このカワセミは
今どんな状況?

答えは→P58

19

スタイル❷
横から
〈side〉

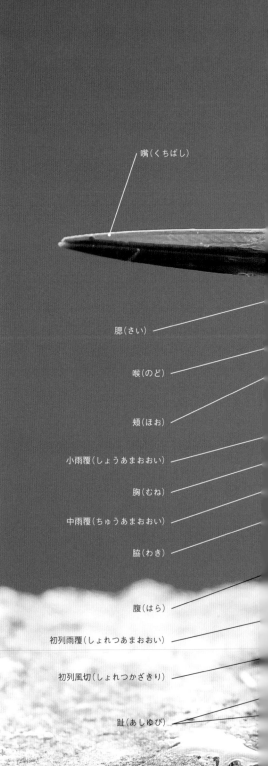

嘴（くちばし）

腮（さい）

喉（のど）

頬（ほお）

小雨覆（しょうあまおおい）

胸（むね）

中雨覆（ちゅうあまおおい）

脇（わき）

腹（はら）

初列雨覆（しょれつあまおおい）

初列風切（しょれつかざきり）

趾（あしゆび）

各部の名称

目先（めさき）

額（ひたい）

頭頂（とうちょう）

後頭（こうとう）

耳羽（じう）

後頸（こうけい）

肩羽（かたばね）

大雨覆（おおあまおおい）

小翼羽（しょうよくう）

三列風切
（さんれつかざきり）

次列風切
（じれつかざきり）

腰（こし）

上尾筒
（じょうびとう）

下腹（したはら）

下尾筒（かびとう）

尾羽（おばね）

21

小翼羽（しょうよくう）
低空飛行時や着地姿
勢の際に持ち上げて
空気の流れを調節し、
失速を防ぐ。

雨覆（あまおおい）
飛行中に空気の流れを整えたり、少し持
ち上げて補助ブレーキの役割をする。「初
列（しょれつ）雨覆」「小（しょう）雨覆」「中
（ちゅう）雨覆」「大（おお）雨覆」がある。

風切羽（かざきりばね）
下記の役割の異なる3種の羽からなる。

「初列（しょれつ）風切」…風切羽先端部
にある大型の羽。羽ばたき飛行の際に推
力（進みたい方向に推し進める力）を生み
出す。

「次列（じれつ）風切」…初列風切に続く
羽。滑空飛行の際に空気の流れを整えて
揚力（風を利用して浮く力）を得る。

「三列（さんれつ）風切」…次列風切と胴
体の間にある小さな羽。

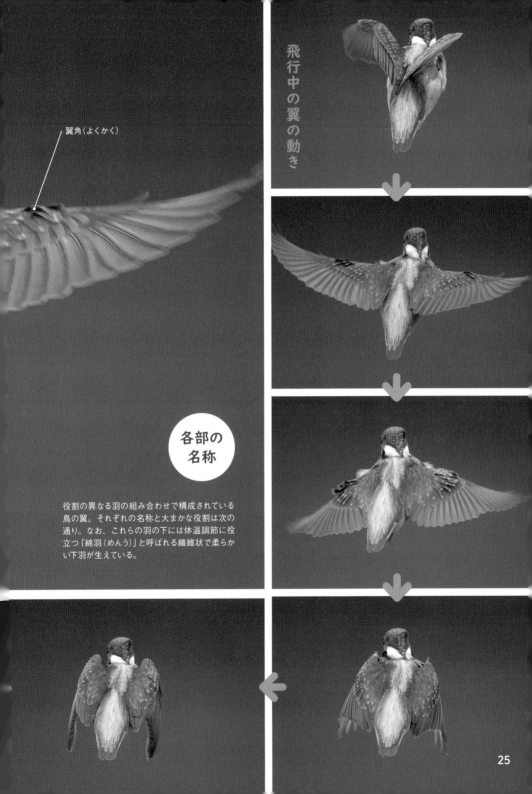

翼角（よくかく）

各部の
名称

役割の異なる羽の組み合わせで構成されている
鳥の翼。それぞれの名称と大まかな役割は次の
通り。なお、これらの羽の下には体温調節に役
立つ「綿羽（めんう）」と呼ばれる繊維状で柔らか
い下羽が生えている。

25

スタイル⑤
下から
（腹側）

この見開きの写真はそれぞれ巣立ち後間もない幼鳥たち。右ページの2羽は早くも（？）威嚇し合っています。とはいえどの個体も成鳥に比べると体全体が黒っぽく、光沢は少なめ。足も黒く、くちばしの先端は白いというのはこの時期ならではの特徴です。表情もあどけないですね^_^

カワセミペディア

カワセミ好きならジョーシキ的な情報から、目からウロコのナルホド雑
学まで。ここではカワセミにまつわる基礎知識を押さえていきましょう。

#1 カワセミってどんな鳥？

●生態と美しさを示すその名と生息地

コバルトブルーの羽色と長いくちばしを持ち、主に魚を捕食するカワセミは、学名 *Alcedo atthis*、ブッポウソウ目カワセミ科の鳥です。7亜種に分類され、日本にはそのうち *Alcedo atthis bengalensis* が生息しています。

カワセミは和名で、「カワセビ」「ショウビン」「ヒスイ」ともいい、日本最古の歴史書『古事記』には「ソニ」（＊1）の名で登場しています。その古代の名称「ソニ」が「ソビ」に転じ、「セビ」「セミ」に変化、川に生息することから「カワセビ」「カワセミ」となったと考えられています（＊2）。

漢字表記には翡翠、川蟬、魚狗、水狗、魚虎などがあり、翡翠の「翡」はオス、「翠」はメスを表すともいわれます。縄文時代にはすでに珍重されていた宝石の翡翠（ヒスイ）はこの鳥を思わせる色から名付けられたとされ、古来、美しさではやはり定評のある鳥だったことがうかがえます。ちなみに英名のCommon Kingfisher、漢名の魚狗、水狗、魚虎は、いずれも魚捕りの名人の意です。

そんなカワセミの生息地は、ヨーロッパ、アフリカ北部、インド、東～東南アジアなど。北方にいるものは冬季に南下し、その地で越冬します。日本ではほとんどの地域で一年中見られる留鳥ですが、寒さの厳しい北海道などでは冬季は南下するため、春から秋にかけて見られる夏鳥です。なお、日本で確認されているカワセミの仲間＝カワセミ類（＊3）は、国内で繁殖も行うカワセミ、ヤマセミ、アカショウビンのポピュラーな3種に、ヤマショウビン、ナンヨウショウビン、アオショウビン、ミツユビカワセミのレア種までを含む計7種になります（＊4）。

＊1 「ニ」は「土」、「ソニ」で「青土」の意だったという。

＊2 ショウビンはソビの音が伸びてショウビ→ショウビンとなったといわれる。

＊3 IOC World Bird Listによると世界で確認されているのは93種。

＊4 後の4種は旅鳥や迷鳥（→P16）。この7種のほかには絶滅種としてミヤコショウビンが記録されている。

●カワセミに会える環境とは

　国内全土に分布するといわれても、スズメやハト、カラスなどの"身近な野鳥"たちとは異なり（＊5）、カワセミにはまだ一度もお目にかかったことがないという人は多いのではないでしょうか。それは「清流の宝石」といった異名から、清流＝水質のきれいな河川がないと暮らせない鳥、というイメージが強いためかもしれません。

　しかし、それは今日のカワセミの実情とは少々異なります。清流でないと生息できないというイメージは、戦後の経済復興にともなう土地開発などにより環境破壊が一気に進んだ頃のもの。特に川や池などの水辺環境が乏しくなった1960年頃にカワセミの生息地が都心から郊外へと退行し、日野市より上流の多摩川やその支流、奥多摩の山奥にまで行かないと会えない"幻の鳥"になってしまっていた時代の影響といえるでしょう。

　70年代にはまた都心方向へのUターン（復活）が見られるようになり、以降は決して清流とはいえない環境でもたくましく生き抜く姿が各所で確認されています（＊6）。

　カワセミの生息に必要な環境条件としては、まず緑地。そして主な餌となる小さな魚類や甲殻類を得られ、水浴びのできる場所です。現在ではそれらを満たした平地や低山地（＊7）の河川、湖沼、湿地のほか、人々がウォーキングに励む都市公園の池や河川敷などでもよく目撃されるようになっています。くちばしの長さがなければスズメ大のサイズで動きも速いため気づきにくいものの、樹上などから水中の獲物をじっと狙うカワセミならではの姿は、野鳥観察に慣れない人にも比較的見つけやすいはず。いずれにしても、それとわかれば野鳥好きもそうでない人も例外なく心躍らせてくれる鳥といえるでしょう。

＊5　日本野鳥の会会員を対象としたアンケートや過去の文献などを基にした松田道生氏の調査によると、自然が豊かだった1944（昭和19）年は都内でもカワセミはまだ普通に見られ、繁殖もしていた"身近な野鳥"だったらしい。

＊6　復活の原因として、都市鳥研究会の金子凱彦氏、川内博氏らは、①水質汚染に強いモツゴやアメリカザリガニなどカワセミの餌となる小動物が増えたこと、②農薬の使用が規制されてきたこと、③カワセミの環境適応力の向上、④一般の人々に野鳥保護の思想が定着したこと、などを挙げている。

＊7　池、川など淡水域の水辺で餌を捕るのが普通だが、島嶼などでは海岸で餌を探す姿が確認されることも。

モニュメントや手すりなど人工物の上にいることも多い今どきのカワセミ。

#2 カワセミの体形、色彩

●特殊な形状には理由がある

　カワセミのサイズは、スズメ(全長約14.5cm)より少し大きい全長約17cm。しかし両者の差は、カワセミの体の4分の1ほどを占める嘴峰長(＊1)3.3〜4.3cmという長いくちばしによるところが大きく、体自体は実質、スズメと同じくらいと思っていいかもしれません。体重は約35g、翼長は約7cm、翼開長は約25cmで、日本に生息しているカワセミ科の鳥の中では最小種です。体全体のバランスは他の鳥に比べるとかなり独特で、体に比して長いくちばしとは逆に、くび(頸)や足、尾は短く、ポーズにもよりますが、全体の比率から見ると三頭身に近い頭でっかちのマンガキャラクターを思わせる、どことなくユーモラスな風貌をしています。

　なお、美しい羽色と並んで外見上のポイントとなっている長く鋭い流線型のくちばしは、その役割もサイズ以上に大きいもの。水中の小魚などの獲物めがけ、高速スピードで一直線にダイブ、かつ、土崖などのしっかりとした地盤に横穴式の巣穴を掘る際のツルハシの役目をも果たす、カワセミの生態を支える重要装備なのです。

　空中から、さらに抵抗の大きな水中へのダイブを生業とするカワセミは、一連の動作で受ける抵抗を最小限に抑えるため、体の突起を極力廃するべく進化を遂げました。くちばしに加え、大きな頭、短い頸、そして短い足や尾は、ダイビング時に有効な弾丸形や流線形を保つためにカワセミが獲得してきた形状だったのです(＊2)。

　以下に、部位ごとの色、形状などの特徴を挙げておきますので、前・後章の写真などで確認してみてください。

＊1　くちばし(嘴)の付け根から先までの長さ。

＊2　かつて最高速度300kmを目指した500系新幹線の先端部の形(ノーズデザイン)は空気と水の抵抗を非常に受けにくいこのカワセミのくちばしの形状をモチーフに開発された。

●部位ごとの色彩と特徴

羽……一般にコバルトブルーと表現される見た者を魅了する羽色は、構造色によるもの。色素ではなく羽の微細な構造が光の干渉を生み、光沢ある美しい色を反射しているので、時間帯、飛翔時など、光線の具合や状態により見え方は多様に変化する。また色や模様は場所により細かく異なり、たとえば肩羽、雨覆、風切は緑色で、雨覆にはコバルトブルーの斑点、風切には線がある。

背……上尾筒にかけて縦に走る鮮やかなコバルトブルーが目立つ。

頭、額（ひたい）……羽や背部分と同様のコバルトブルーに、水色の小斑がある。

目……大きく黒目勝ち。ダイビングの際、水中では他の水鳥と同様に瞬膜で眼球を保護しており、水中から飛び出した瞬間をとらえた写真（→P8、P29）などでは瞬膜を確認できる（＊3）。

くちばし……オスは上下ともに黒く、メスは下くちばしが橙色（＊4）。

頬の後ろ、喉、顎（あご）……白色。

頬、胸、腹……成鳥は鮮やかなオレンジ色。

足……短く、橙色（幼鳥は黒っぽい）。爪の色は黒い個体が多い。あしゆび（趾）は3趾のうち2趾が基部で癒着した合趾足で、歩行することは少なく得意でもないらしい。しかし巣穴掘りの際は、掘った土を外へかき出すジョレンのような働きをする。

※カワセミの幼鳥は他の多くの鳥と同様に、生まれた年の秋に部分換羽を行い、鮮やかな雨覆（→P24）や胸などのオレンジ色の羽毛はこのタイミングで獲得される。この第1回冬羽への換羽により、冬には成鳥と見分けることが難しくなる。

＊3　ほかにも捕った獲物を木の枝に叩きつけたり、羽づくろいの際などさまざまな場面で瞬膜は見られる。写真上が瞬膜の出た状態で、下は目を開けた通常の状態。

＊4　向かって右がメス、左がオス。

#3 カワセミの生態、行動

●特殊な飛翔法を駆使してハンティング

　前述のようにカワセミの食性は肉食で、フナ、モツゴ
など（＊1）の小魚を中心に、主に淡水の水中に棲むザリ
ガニやエビ、ドジョウ、カエル、昆虫、トンボの幼生の
ヤゴなどを捕食します。

　小さくとも有能なこのハンターの狩りの方法はという
と、一言でいえば待ち伏せ型です。まず水辺の樹木の
枝や杭、石などにとまり、左右上下の様子をうかがいつ
つ水面をじっと見下ろし、魚影を眼で追います。そしてこ
こぞのタイミングで獲物目がけて一直線に水中に飛び込
み、長いくちばしで挟んで捕らえるのです（＊2）。

　適当な止まり場のない広い川や池では、ヘリコプター
のようにホバリング（停止飛行）（＊3）しながら水中の獲
物を捕獲するチャンスを待ちます。なお、ホバリング時は
高さなどを変えながら羽が見えないぐらい羽ばたいていま
すが、頭部は固定されているかのように全く動きません（＊
4）。また、水中に飛び込む寸前にフェイントをかけるよ
うに急停止後、あらためてダイビングすることも。これは
獲物をできるだけ確実に捕えるべく、飛び込む直前まで
その動きを注視し、瞬時に身をひねっ
て向きを変えたりと即座に反応するた
めのようです。

　そうして獲物を捕らえたカワセミは、
そのまま近くの止まり場に運んでいき、
枝や石などに獲物の頭部を叩きつけた
りして（→右写真）勢いをそいでから丸
呑みします。

＊1　かつてはメダカ、オイカワな
ど清流に棲む種が好まれたが、自
然環境の変化に適応し、徐々にそ
れほどきれいでない水質でも繁殖
できるフナやモツゴへと変化して
きた。

＊2　魚をくちばしで串刺しして
ゲットした時は、捕らえたはいい
ものの外すのに苦労する情景が見
られることも。

＊3　鳥の中で巧みなホバリング
で定評があるのはハチドリ類で、
8の字を描くように翼を動かし、
止まるのみならず後退も行う。

＊4　そのブレのなさは写真撮影
者も驚くほど（→P102）。とはい
え、ホバリングからのダイビング
はやはりとまり場からに比べると
安定性が低くなるのか成功率は下
がるといわれる。

34

捕食でお腹がふくれると、くちばしや短い足で羽づくろいを行います（→P52）。翼を広げて伸びをしたり頭をかいたり体をブルブル震わせたり大あくびをしたりと、のんびりリラックスしているようにも映りますが、上空や真後ろから飛んでくる鳥を威嚇するなど警戒は怠りません。

●下から上から……大忙しの排泄

カワセミが頻繁に見せる行動といえば、排泄です（＊5）。寸前に短い尾を少し上げ、魚食性の鳥に見られる特徴でもある白い水様性の糞を放出します。これに加え、口からの排泄物もあります。食後30分ほどすると（＊6）、丸呑みして消化できなかった魚の骨や鱗、エビなどの殻などをペリットと呼ばれる楕円形の塊として吐き出すのです（→下写真）。この不消化物の色は食餌内容により異なり、魚メインの場合は小骨中心なので白っぽく、ザリガニやエビ、水生昆虫などを多く食すと茶色っぽくなるそうです（＊7）。

また、他の多くの鳥と同じく、カワセミもまた繁殖期以外は基本的に単独で行動します。餌場である池や川などには縄張りがあり、自分の縄張り内に侵入してくる個体に対しては、性別を問わず威嚇し、追い払おうとします（＊8）。オスとメス同士でも、繁殖期以外はけん制し合っている際に近づくことはあっても、10cm以内に近づいて止まったりすることはまずありません。

ちなみにカワセミの鳴き声にはいわゆる「さえずり」と呼ばれるものはなく、成鳥の場合は細く高い声で「チィー」「ツィー」「チリリリー」といった感じで、飛びながら鳴くことが多いようです。一方、巣穴にいる雛は、「シャプシャプシャプ……」とクマゼミを思わせる鳴き方をするのだとか（＊9）。

＊5 枝や石などに糞が多く付着している場所はお気に入りの止まり場と判断できる。

＊6 口を開けてあくびをするようなしぐさをし、その時に胸から喉のあたりが膨らんでいたら、ペリットを吐く前兆とみられる。長年カワセミの撮影をしている山本直幸さん（→P104）によると「魚は大物なら1匹、小物なら5、6匹呑み込むと、次の採餌まで1時間くらい動きがないので、消化するには15分〜20分かかっているでしょうか」とのこと。

＊7 色の違いに興味を抱いた研究者をはじめとした人たちの排出物の回収＆内容物チェックによる。

＊8 時折、複数が集まってにぎやかに鳴き交わしている場面に遭遇したりするが、それは縄張り争い。

＊9 上野動物園で2017年に孵化した雛が巣穴の中で出していた鳴き声のサウンドスペクトログラム（声紋）分析によると、初期は高音で鳴き声が途切れず継続するが、日齢が経つごとに低音に変化することがわかった。また、雛が鳴いていたのは親が巣外にいる時だった。

#4 カワセミの繁殖

●求愛行動からペアリング、子育てへ

　動植物の最重要ミッションといえば、繁殖。カワセミが交尾・産卵・育雛などに取り組む繁殖期（＊1）は、毎年3月から8月にかけて。その第一段階がペアリングです。

　冬の間は単独行動をしていたオスとメスですが、早春頃からメスの縄張り意識が低くなるにしたがい、オスはメスの縄張りに侵入可能となります（＊2）。ペアが形成される初期の求愛行動は、オスのラブコールにメスが応えるというもので、少し離れた場所に止まった両者はまず鳴き合いながら、オスがメスのそばを飛んだり近くに止まるなどして背伸びやお辞儀のようなしぐさで自己アピール。最終的に10〜20cmの距離にまで接近して止まるようになります。やがて文字通り距離を縮めた2羽の間では、カワセミの特徴的な行動のひとつである求愛給餌が行われるようになります（＊3）。この際オスは、魚類は頭、ザリガニやスジエビなどは尾が前になるようくわえて給餌します（＊4）。オスが運んできた餌が無事受け取られるとペア成立。給餌したオスは喉を見せる胸張りポーズ＝ディスプレイでまたアピールします（→P58下写真）。その後、巣穴掘りと求愛給餌を繰り返しながら、交尾へと至ります。

●営巣、子育てはオス＆メス共同で

　繁殖のための巣は水辺のしっかりとした土質の崖に横穴を掘って作ります（＊5）。環境としては、餌となる小魚などの水生動物が豊富な水辺に近く、天敵に襲撃された

＊1　現在は1シーズンに2回繁殖するのが主流とみられている。

＊2　一度は追い払われたりするものの次第に受け入れる。

＊3　オスがメスに餌を運んできてプレゼントするという行動で、実はメスのオスへの餌ねだりアピールから始まっている。

＊4　大きな餌を噛みちぎったりして小さくすることはできないので、受け取り側が食す際ひれやうろこが引っかかったりしないよう、食べやすい向きで与えるためとされる。

＊5　カワセミ類は地中などの穴で営巣する種が多い。同様のライフスタイルをもつ代表的な鳥類にはミズナギドリ類やウミスズメ類がいる。

36

り河川の増水時に水没したりする心配の少ない切り立った崖、子育てにあたって安心して睡眠、休息のとれる茂みなどがある場所が選ばれます（＊6）。

　巣穴掘りに際しては、掘り進むにつれくちばしに土が付くため、ダイビングしては土を落として再び巣穴に戻る姿もよく見られます。そうして丹精込めた巣穴は内径は約7cm、深さ約50〜80cm程度のものが多く、入口から奥に向かって15〜20度の上り勾配で、通路の突きあたりにある産室で広くなっています。また、敵の目を欺くためか本命の巣穴の近くにはよくダミーの穴を掘ります。

　一度の繁殖での産卵数は5〜7個で、オスとメスは営巣から抱卵、育雛までを共同で行います。産卵→抱卵→孵化→育雛→巣立ちまでは41日間程度といわれ、一番子が巣立つと（＊7）、親鳥は二番子の繁殖準備に入ります。なかには9月中旬まで三番子を育てる体力と運のある親も。育雛中の親はせっせと給餌と採餌に励みますが、求愛給餌時と同じく、餌は魚類であれば頭部を前に、ザリガニの場合は尾を前にして巣穴に運びます（写真）。その内容は、最初のうちは必ず小さな魚を選び、次第に大きなものや魚以外のものへと変化していきます。なお、巣穴をひっきりなしに出入りする親は、雛が成長するにしたがい、後ずさりして巣穴を出るように。出た瞬間、素早く回転して飛び立つのですが、これは巣の奥にある産室が、雛の成長にともないスペース的に親の方向転換がままならなくなるためと考えられています。

　そして無事巣立ちを迎えた雛は、約20日ほどは巣の周囲でダイビングなど採食の練習をします（＊8）。雛が自ら採食できるようになるまでは束の間の親子共存期間。縄張りを持つカワセミはこの後、巣のあるエリアからは親子のいずれかが出ていくことになります（＊9）。

＊6　一度使った巣穴は使わないともいわれるが、環境がよいため繰り返し営巣する巣穴もある。

＊7　別の巣穴を使う際は、育雛期の途中から巣作りにかかることも。

＊8　親は時折見守りにやってきて危険を感じると連れ去ったりするのだとか。

＊9　ほとんどの場合は親が残るが、雛が居座り親が出ていくパターンもある。

#5 カワセミの天敵

●敵のように見えても……

　野生の動植物はすべて、食べたり食べられたりという
つながりの関係＝「食物連鎖」の中にいます。ピラミッド
で図化されることの多いこの関係のおおもとを支えるの
は、生産者である植物。植物を食べる昆虫などを一次消
費者、その昆虫などを捕食する生き物を二次消費者、そ
れをまた捕食する生き物が——と、食物連鎖ピラミッド
の上にいくほど高次の消費者となっていきます（＊1）。そ
してこのピラミッドの頂点にいるのが、同じ生息域に捕
食する存在のいない、その名も頂点捕食者（＊2）です。
魚食性のカワセミは三次以上の消費者ではありますが、
捕食される立場になることも少なくありません。彼らがま
ず遭遇することの多い最大の捕食者＝天敵といえば、ア
オダイショウでしょう（＊3）。切り立つ土壁に掘られた巣
穴にも難なく近づき、小さな出入口からも侵入可能なヘ
ビの仲間によって、卵や雛の段階で呑まれるなどして、
多くのカワセミが成鳥になることを阻まれるのです。

　巣立ち後もまた、自らよりも高次の消費者である他の
鳥（＊4）やネコ、イタチやキツネといった動物たちに捕食
されます。なお、こうした場面に出くわ
すとつい被食者を助けたくなるのが人情
ですが、できるだけ自然に近い生態系
維持のためにも、手出しはくれぐれも避
けなければなりません。一見敵のようで
も、命を支え合う関係にあるのです。

　それではカワセミの最大の"脅威"は
というと——。

＊1　食物連鎖ピラミッドを構成
する動物の種はその土地土地で異
なり、植物群落の遷移や周辺環
境の変化などにともなって変わっ
ていく。

＊2　2018年、2019年の自然
教育園における頂点捕食者はオオ
タカ。その下にハシブトガラス→ア
オダイショウ→ヤマガラ、カワセミ
→カマキリ、ハチ、クモ→チョウ
→植物と続く。

＊3　1995年、自然教育園の5
羽の雛のうち1羽は先に巣立ち、
残った4羽の雛は巣立ち寸前に巣
穴に侵入したアオダイショウに呑ま
れた。

＊4　モズ（上）に襲われるカワセ
ミ。

●人為的にもたらされたこんな脅威

　直接捕食されなくとも、生存基盤の喪失により危機に追い込まれることは多々あります。カワセミが一時期、東京とその近郊から姿を消し、"幻の鳥"と呼ばれたのは前述の通り。それは高度成長期の水質、水域汚染による水中の酸素の欠乏などから餌とする生き物がいなくなったり、営巣環境が失われた（＊5）ことが要因でした。環境保全に対する意識が向上した現代ではそうした自然破壊行為は減少傾向ながら、気は抜けません。

　そのひとつが、外来魚の密放流です。2000年、カワセミの繁殖研究が行われていた自然教育園（→P60）でもブルーギル（＊6）、ブラックバスといった北米原産の外来魚が密放流されていたことが発覚。これらの魚は他の魚の卵や稚魚、水生昆虫などをことごとく捕食するため、その結果、カワセミの餌となる在来種のモツゴ、スジエビなどが激減してしまったのです。

　さっそく外来魚駆除が試みられましたが、釣りや刺し網での捕獲は埒があかず、2001年に水生植物園の池を掻い掘りしたところ、なんとブルーギル約2000匹、ブラックバス成魚2匹、稚魚約500〜600匹を捕獲。しかしわずかな水溜りに多くの稚魚が残っていたため翌年にはまた大繁殖してしまい、結局池の底泥の浚渫工事により、ようやく外来魚完全駆除となりました（＊7）。この外来魚の密放流による生態系破壊の影響は大きく、魚などを餌とするカワセミやカイツブリの自然教育園での繁殖はその後7〜8年ありませんでした。

　なお、地球的規模で進む温暖化をはじめ、環境変化が与える影響も止まりません。一例としては、近年増えている予測不能な局地豪雨により巣穴を作る崖が崩壊したり、川底の土などが洗い流されて餌となる魚などが生息しにくくなるといったことなどが挙げられます。

＊5　治水の必要から河川の堤はほとんどの範囲がコンクリートや石垣の護岸となり、河川敷をならしてグラウンド等を設置したことにより、カワセミが安心して繁殖できる場は消失。その補填として90年代に営巣ブロックなどの人工巣が考案された。

＊6　東京都葛飾区の「水元かわせみの里」のカワセミのペリットからはブルーギルの骨も確認されているがそれだけでは……。

＊7　外来魚を完全に駆除するには掻い掘りでは不十分で、土砂を30cm程度浚渫し、4〜5日干す必要があった。自然教育園にある4つの池（水鳥の沼・いもりの池・ひょうたん池・水生植物園の池）に対し上流部からそれぞれ行ったが、2004年は酷暑で池の水が干上がったことも手伝い、完璧な外来魚駆除となった。

獲物に付いていると思われる釣り糸をなびかせて飛ぶカワセミ。心が痛む"人為的"光景。

#6 カワセミと日本人

●昔も今も放っておかれない小さなスター

　日本に生息する野鳥の中では抜きんでて美しい羽色の
カワセミ。見つけると気分がアガること間違いなしのこ
の鳥は、北海道から九州まで、多くの市町村で「自治体
の鳥」指定を受けています。カワセミの姿や名をモチーフ
にした施設や乗り物、広報媒体など（＊1）に出会える地
域にお住まいのかたもいらっしゃるのでは？　東京都葛
飾区の水元公園内にある「水元かわせみの里」ほか、地
域ぐるみの保全活動が行われることも少なくありません。

　その人気は今に始まったことではないらしく、古い文
献にもそこかしこでその存在を認めることができます。た
とえば日本最古の歴史書『古事記』には、天稚彦の葬儀
の場面で「翠鳥を御食人と為（し）」。カワセミを御食人
に指名した、とあります。ちなみに御食人は死者に備え
る御饌を作る者のことです。同じく『古事記』で大国主命
は「翠鳥の　青き御衣を　まつぶさに　取り装ひ（カワ
セミのような青い衣を丁寧に身に着け）」と詠っています。

　ほかにも『源氏物語』の一節では、女性の美髪を評し
て「翡翠だちて、いとをかしげに」と感嘆しているほか、「翡
翠めく」「翡翠の髪状（かんざし）」といった表現にも使わ
れています。いずれも美しさをほめたたえる際のものです。
ちなみに「翡翠」は中国名のひとつでもあり、翡は赤色、
翠は緑色のことも指すそうです。

　次ページからは、絵画、短歌、俳句──カワセミにま
つわる作品をいくつか紹介していきましょう。当時の人々
がカワセミに向けた視線や想いからは、時代が変わって
も変わらないカワセミの魅力を再確認できます。

＊1　例:埼玉県さいたま市…「カ
ワセミ号」（乗合タクシー）、東京
都町田市…「カワセミ通信」（市長
メッセージ）・「かわせみ号」（コミュ
ニティバス）、東京都日野市「かわ
せみGO（ゴー）」（乗合タクシー型
コミュニティバス）、神奈川県綾瀬
市…「かわせみ」（コミュニティバ
ス）、神奈川県藤沢市…「カワセミ
くん」（マスコットキャラクター）、
福岡県那珂川市…「かわせみバス」
（コミュニティバス）、神奈川県綾
瀬市…「かわせみ」（コミュニティ
バス）

村越良造 「(七)青蘆翡翠」
『北斎叢画花鳥画譜』 (1890 (明23) 年発行) 収録

横から上から下から──それぞれの向きからのカワセミ図。特徴である頭とくちばしの大きさ、頭部や背部分の羽の描写が印象的。

渡辺玄対 「柳二翡翠図」

(1800 (寛政12) 年) 板橋区立美術館 蔵

水面を見下ろす位置に立つ柳の木とカワセミは人気のモチーフ。こちらは桜の花、水中の魚の姿も加わった、より華やかで生命感あふれる一幅となっている。

瀧和亭 「第四 柳翡翠図」
『丹青一斑』 (1896 (明治29) 年発行) 収録

江戸生まれの南画家による木版彩色摺習画帖で紹介されたカワセミの描き方。どの部位からどう描くか等ポイントが示されている。

カワセミを詠んだ短歌・俳句

俳句

かはせみや羽をよそほふ水鏡　　沢露川

翡翠の影こんこんと遡り　　川端茅舎

古池や翡翠去つて魚浮ぶ　　正岡子規

川せみの御座と見へたり捨小舟　　芥川龍之介

翡翠の紅一点につゞまりぬ　　高浜虚子

翡翠や亭をくぐりて次の池　　寺田寅彦

翡翠の光りとびたる早かな　　原石鼎

しぐれつつ翡翠翔けて蘆に消ゆ　　水原秋桜子

かはせみはふたゝびみたび失敗す　　山口青邨

翡翠が掠めし水のみだれのみ　　中村汀女

はつきりと翡翠色にとびにけり　　中村草田男

翡翠とぶその四五秒の天地かな　　加藤楸邨

42

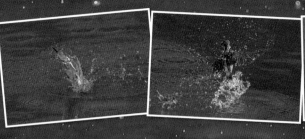

短歌

貌鳥の間なくしば鳴く春の野の草根の繁き恋もするかも　作者未詳

『万葉集』巻第十〈一八九八〉

朝井堤に来鳴く貌鳥汝だにも君に恋ふれや時終へず鳴く　作者未詳

『万葉集』巻第十〈一八二三〉

かはせみの水にたちゐるおとだにもたえてきこえぬ宿の夕ぐれ　大隈言道

翡翠も世をや厭ひしのがれきてわが山の井に処定めつ　与謝野礼厳

高野川河原のかなた松が枝にかはせみ下りぬ知る人の家　与謝野晶子

澤につづく此処の小庭にうつくしき翡翠が来て柘榴にぞをる　若山牧水

林泉のうちは広くしづけし翡翠が水ぎはの石に下りて啼けども　中村憲吉

43

カワセミアクション

日常のしぐさから、肉眼では決して追いきれない一瞬の表情をご紹介。
美しいだけじゃないカワセミのワクワク世界へようこそ！

飛行（ホバリング）

ダイビング

採餌

移動（枝から／枝へ）

羽づくろい

休息・就寝

まぶたと瞬膜（→P33）との違いがわかる一枚。

まぶたを閉じて
まったり…

53

縄張り争い（けん制）
テリトリー

（威嚇・けんか）

排泄（水様性の糞）

（ペリット）

求愛行動（求愛給餌）

求愛給餌の流れの一例

1

2

3

求愛給餌が成功したオスは一様に胸張り（？）ポーズを見せます。

58

4 2

交尾

Congratulations!

PART-Ⅳ

カワセミレポート

1988年春、
大都会の小さな森のこの一角で
前人未踏のカワセミ研究が
スタートした

本書監修者でもある矢野亮さんのカワセミ研究は、勤務先であった国立科学博物館附属自然教育園で1988年よりスタートしました。もともと自然教育を専門とし、動植物の生態調査、植物群落の遷移や異常発生昆虫などの動態調査といった研究、自然観察会、野外生態実習などの一般向け教育普及活動などに主に携わってきた矢野さんが、なぜカ

ワセミ研究に邁進することになったのか。自然教育園でのカワセミとの出会い、観察調査に取り組まれてからの奮闘とそれにより解明された日本のみならず世界初と思われるカワセミの生態ほか、その活動の概要を紹介していきましょう。なお、研究内容の詳細については後述の書籍2冊、『自然教育園報告』第48号（→P75）などをご参照ください。

東京は港区白金台にある自然教育園で行われたカワセミの調査研究。
ここでは30年にわたるその大きな成果を駆け足で見ていきましょう。

東京の中心部で約20ヘクタールの貴重な森林緑地を
有する国立科学博物館附属自然教育園。

#1 自然教育園での繁殖発見

●カワセミ研究の舞台＝自然教育園とは

　目黒駅の東に位置する自然教育園は国立科学博物館の附属施設で、東京都心にありながら約20ヘクタールもの森林緑地を有します（＊1）。園内にはコナラ・ケヤキ・ミズキなどの落葉樹、スダジイ・カシ類・マツ類などの常緑樹の林が昔ながらの状態で残され、ススキやヨシの草はら、池や小川などもあります。自然を活かした各種の植物園が整備され、四季を通してさまざまな草花や生き物を身近に観察できる、まさに大都会のオアシスなのです。その貴重な緑地は東京の自然回復の拠点として、また生態系保全に大きく貢献していると考えられます。

　自然教育園のある白金台地は、もともと洪積世（20〜50万年前）の海食によって作られました。人が住みついた時期は不明ながら、縄文中期（紀元前約2500年）の土器や貝塚が園内からも発見されていることから、この時代には人々が住んでいたとみられています。

　平安時代には目黒川、渋谷川の低湿地で水田が開墾され、広々とした原野では染料として欠かせなかったムラサキの栽培が広範囲で行われていたようです。その後、室町時代に白金長者といわれる土地の豪族が館を構えたのが自然教育園のそもそものはじまり。園内に現存する土塁は当時の遺跡の一部です。

　江戸時代になると増上寺の管理下に入り、寛文4（1664）年には徳川光圀の兄にあたる高松藩主・松平頼重の下屋敷となり、明治時代には海軍・陸

＊1　他の大都市にない東京の特徴に、江戸時代の大名屋敷や下屋敷などの跡が比較的質のよい緑地としてある程度の規模で都心部に残されているということがある。皇居、赤坂御用地、小石川植物園、六義園、新宿御苑、上野公園、浜離宮、自然教育園などがこれにあたる。自然教育園ではまた、自然・生態系保全のため入園制限や一般の立ち入り禁止地区などが設けられている。

カワセミが繁殖を試みようとしていた残材焼却用の穴。作業予定は変更され、カワセミ繁殖を見守るため、付近一帯は立ち入り禁止となった。

軍の火薬庫に。大正時代は宮内省の
白金御料地へと変遷してきました。

　戦後の1949年に国の「天然記念
物及び史跡」に指定され、広く一般に
公開。1962年に国立科学博物館附
属自然教育園となり現在に至ります。

［写真上］観察記録に適した環境
となるよう、繁殖地の穴の壁面を
整備。［写真下］カワセミの巣穴は
横穴式で、硬い赤土などの壁面を
掘って造られる。

●都心のオアシスでカワセミが再び繁殖

　自然教育園では、定期的な毎木調査、移入植物や生
物季節の調査が行われているほか、希少動物の生息状
況については長年の調査データを蓄積しています。詳細
は年により変化しますが、これまで計1473種の植物と、
約2800種の動物（＊2）が記録されています。

　カワセミもその中の一種ですが、1969年より自然教
育園に勤める矢野さんがカワセミを初めて確認したのは
1988年の4月9日。前日の季節外れの大雪で満開のサ
クラの枝が大量に折れ、その枝をトラックに積んでゴミ
捨て場として掘られた大きな穴のある場所にさしかかった
時のことでした。穴から水色の小さな鳥が飛び去ったの
です。これが矢野さんがカワセミを初めて目にした瞬間で
した。

　前述のように一時 "幻の鳥" となっていたカワセミ
（→P31）が都心方面で再び確認されるようになったのは
1970年代（＊3）。自然教育園でも1980年代以降は毎
年姿を見せていましたが、繁殖の記録はありませんでした。
矢野さんとカワセミの1988年の初めての出会いこそ、こ
の地での貴重な繁殖記録の数々を生むきっかけとなった
となったのです。

　カワセミの生態・生殖の観察の記録は、肉眼及びビデ
オ機器・監視カメラを駆使し、試行錯誤を重ねながら、
年々精度の高いものになっていきました。以降のページ
ではその成果の一部を紹介していきましょう。

＊2　その内訳は、昆虫類約
2130種、クモ類約190種、鳥
類約130種、魚類13種、両生類
6種、爬虫類14種、哺乳類12種
など。

＊3　自然教育園では1965年以
降姿を消していたものの、1979
年頃から再び見られるようになり、
その後は毎年記録されるように
なっていた。

カワセミ観察用の布製ブラインド。
1988年から1991年まではこの中
から肉眼や双眼鏡で観察を行った。

#2 カワセミ研究の先人に学ぶ

●ひもといた文献の数々

　カワセミの調査を始めた矢野さんは多くの文献を収集、参考にしていきました。代表的なところでは——。

・仁部富之助著『全集 野の鳥の生態』(1951)……秋田県農事試験場勤務で野鳥生態研究の先駆者ともいわれる著者がカワセミの採餌や水浴び、求愛行動、巣の観察、造巣などについて記す。当時ならではの"荒業"(＊1)を駆使した巣の観察は参考になる点が多かったとか。

・嶋田忠著『カワセミ―清流に翔ぶ―』(1979)……カワセミ研究の第一人者の写真家による10年間の観察・撮影の総集編。(＊2)

・『野鳥』517号「カワセミ特集」(1989)……中川雄三氏の寄稿「カワセミの生活」は山梨県富士吉田市での十数羽のカワセミの一年間の生活を紹介。

・『都市に生きる野鳥の生態』(1988)……金子凱彦氏の寄稿「帰ってきた東京のカワセミ」(＊3)

・『山階鳥類研究所研究報告』85号(1991)……紀宮清子・鹿野谷幸栄・佐藤佳子・安藤達彦・柿澤亮三著の論文「赤坂御用地におけるカワセミの繁殖」(＊4)

●全国各地の繁殖地を視察

　そして1993年5月、矢野さんはこれまで抱いていた疑問を次々に明らかにしてくれる"運命の一冊"、三浦勝子著『気分はカワセミ』に出会います(＊5)。これは岐阜県関市の著者宅の庭にある円墳の土壁に巣穴を作った2組のカワセミペアによる2回の繁殖の記録。約150日間

＊1　特に巣穴の観察のところでは、上方から穴を掘り、産室に覗き窓を作り、巣の中の温度を測ったり、雛の体重を測ったり……。

＊2　嶋田氏が『アニマ』(1976)に寄稿した「人に追われ後退していくこの愛らしい鳥『カワセミ』」は埼玉県高麗川での繁殖観察は親鳥の巣の放棄により途中で終了となっていたが、こちらも充実の内容だった。

＊3　『野鳥』297号(1971)掲載の松田道生氏の寄稿「減少する東京のカワセミ」はそれ以前の東京のカワセミの動態を知る上で貴重な資料。

＊4　東京都千代田区皇居及び港区赤坂御用地でカワセミの延べ44回の繁殖例(繁殖試行を含む)を観察しての報告。

＊5　巣穴や産室の大きさ、卵は一日1個産むこと、夜の抱卵はメスが行うこと、メスは5日間雛のために巣穴に留まること、巣穴の中の温度は38度前後、雛の成長過程での羽の生え方など、これまで矢野さんが観察しえなかったこと、疑問に思っていたことが次々と明らかになっていった。

自然教育園のカワセミが運んできた餌の一部。左からスジエビ、モツゴ、ザリガニ。左頁写真は距離を縮める→求愛給餌成功！のオス（右）とメス。

にわたる早朝から夕方までの観察、特に第2回目の繁殖の際は克明な記録が取られていました。衝撃を受けた矢野さんは1993年7月、岐阜県関市の三浦氏を訪問。カワセミの繁殖現場を前に、さまざまな話を聞きました。

　また、日本鳥類保護連盟の栁沢紀夫氏からの資料（＊6）で人工巣の試み（＊7）を知ります。これは鳥の専門家と河川工学の専門家が共同で、カワセミやショウドウツバメの人工巣をコンクリートブロックで作り、魚や鳥が棲みやすい水辺の環境を整備していこうというもの。実際その人工巣での繁殖は成功していましたが（＊8）、それ以上に興味をそそられたのが、鳥類研究家の石川信夫氏の克明な観察記録でした。120日間にわたるその観察記録も三浦氏の記録同様、多くの学びのある重厚な内容だったのです。そして1993年12月、矢野さんは今度は北海道旭川の石川氏を訪ねることに。多くの知識を得たものの冬で現場見学はかなわず、翌年7月に再訪。長年調査されてきた石川氏の「カワセミの生活はそれぞれで違い、決まった型はない」という重い一言に感銘を受けます。

　そのほか、愛知県の豊橋市動物園でのカワセミの繁殖成功の情報にも反応した矢野さんは、1995年2月、同園へ。自然状態と飼育下ではカワセミの生態はどのように違うのか——。狭いケージでのカワセミの繁殖に「さすか飼育のプロ」と感心しつつ、このような人工の環境での繁殖成功例は都会での住宅雛のカワセミにとって貴重な資料になるのではと考察。実際、その後チャレンジするカワセミの里親体験では、これら各地での視察経験が大いに役立ったのでした。

＊6　小冊子『AGS VOL.1 旭川からの発信！』。

＊7　人工巣（営巣ブロック）はカワセミの巣穴の形や土質を調査し、天敵の侵入を防ぐ、河川で簡易に設置できる、構造が安定している、材料が適正である等を考慮して設計された。ブロックの穴から入ってトンネルを進むとカワセミの巣穴に適した土（粘性土）に達するようになっており、カワセミはそこから先を自ら掘り進めて営巣できる、というもの。

＊8　1990年、3カ所に設置した人工巣では同年計5回の繁殖が確認され、30羽以上が巣立った。しかし営巣ブロック式の人工巣は粘性土部分の定期的な入れ替えが必要で、その際は自然状態を注意深く再現する必要がある。このメンテナンス過程が難しく、現在では文字通り廃墟と化している人工巣も。

#3 観察でわかった生態

●キモは綿密なデータ収集

　繁殖地での観察は、手探り状態から試行錯誤を経て進化していきました。当初は繁殖地の止まり木から5〜6mの距離に布製のブラインド（→P63写真）を張り、肉眼や双眼鏡による直接観察。止まり木は一羽しか止まれない一本の棒を立てただけでしたが、1990年以降は複数が止まれるよう30〜40cmの横枝が伸びたものに改良しました（＊1）。

　そして利便性などを考え観察拠点となる小屋「迎賓館」（＊2）も新設、ここにおいてビデオ機器による観察の導入が図られました（＊3）。1991年には試験を済ませ、迎賓館主賓であるカワセミを待ち受けたのですが、1992年までの2年間は繁殖はなし。その後、日本鳥類保護連盟の柳沢紀夫氏からのアドバイスを得て繁殖地の整備をしたところ、1993年、待望のカワセミが飛来、繁殖を始めたのです。

　そこでスタートした待望のビデオ機器による撮影観察は、多くのメリット（＊4）がありました。特に長時間変化のない抱卵期の調査は人による直接観察は無駄が多く困難なため、そこをビデオで記録し、ビデオ撮影の難しい早朝と夕方の暗い時間帯は直接観察とする——この方法で記録データは完璧なものになり、カワセミの繁殖における各時期の巣穴外での生態を把握することができたのです。

＊1　オスとメス、巣立った雛の何羽かが同時に止まることができるようになり、カワセミたちにも観察・撮影にも便利になった。

＊2　P60-61の見開き写真がカワセミ観察用の迎賓館の建つ繁殖地の全景。向かって左が迎賓館新館、右が本館。

＊3　自然教育園で別の研究のために導入されていた高性能のビデオカメラや編集機器を使用することができたことから、カワセミ観察のデータの精度は俄然アップ。ちなみに別の研究は主に冬季で、春から夏に繁殖するカワセミの調査とは使用時期がずれていたことで可能となった。

＊4　①休まず撮り続けられる、②後で見直したり第三者に見せることもできる、③細かい記録が取れる、④鳥への影響が少ない、⑤その間、担当者は別の仕事ができる、等々。

［写真上］迎賓館新館から繁殖地の様子を観察する矢野亮さん。［写真下］ビデオ撮影用でもある覗き穴から、カワセミの巣穴と止まり木、そして時計が同時に記録できるよう配置されている。

観察当初は特に記録の一環という
以上に熱が入った写真撮影。トン
ボとカワセミの縄張り争い（？）を
踏まえた上での連続写真もそのひ
とつ。一番高いところに止まるク
セのあるらしいトンボが、魚をくわ
えたカワセミのくちばしに迷惑な
着地。

● 各過程における興味深い生態

■ 造巣期

　カワセミは硬い赤土などの壁面に、入口の直径6〜
9cm、奥行50〜100cm、奥に行くにしたがってやや上
り勾配（傾斜15〜20度）のトンネルを掘り、奥に広い産
室を作ります（＊5）。実際に繁殖を行う本命の巣穴に加
え、敵の目をそらすためかダミーの巣穴を掘ることも。
造巣の様子や担当（例外もあったものの、自然教育園の
繁殖の場合、穴を掘るのは主にオス）、巣穴は新築とリ
フォームがあり、巣穴の位置（地表からの距離＝高さ）は
巣穴が違ってもほぼ同じくらいだったそうです。

■ 求愛期

　繰り返しになりますが、オスによる巣穴のアピールなど
メスへのアプローチ、最も特徴的な行動としてオスがメス
に餌をプレゼントする求愛給餌が見られます。メスがオス
を気に入ると交尾をし、ペア成立。

■ 産卵期〜抱卵期

　ファイバースコープなどの使用は行わない方針のため、
巣穴の中での生態ははっきりとはわかりません。親鳥の
行動からの推定では、産卵の時間帯は早朝、卵は1日1
個ずつ、一度の繁殖で全部で5〜7個産むとみられてい
ます。

　全部の卵を産み終えると、メスとオスは交替で卵を温
めます。そして約18日目に孵化（雛が誕生）。孵化は親
鳥が卵の殻を巣穴外に運び出すことから判断できます。
また巣穴の滞在時間を調べることで、抱卵をメスとオス

＊5　この時、くちばしは穴を掘
るツルハシ、合趾足は土を運び出
すジョレンのような働きをし、体
全体が巣穴掘りに適応している
のがよくわかる。巣穴掘りに要する
のは通常10日程度。

のいずれが担当しているかがわかります（→P69表）。両者の交替時の様子も観察しました。

■保雛期

雛の成長はメスの行動から推測することができます。孵化したばかりの雛には体毛がないため、保温の必要があります。地域により記録に差があるようですが、自然教育園の場合は、雛がかえって5〜10日間（時期により若干異なる）まで夜はメスが巣穴に留まり保温を行いました。

■育雛期

育雛期の親鳥の活動時間帯は、日の出前10〜20分から日の入り40〜50分前から日の入り直前まで。その間は雛にせっせと給餌をしますが、観察では餌の内容（種類・大きさ）と給餌回数（オス・メスのいずれが運んだか）なども記録されました。餌の種類は、自然教育園の場合はモツゴ・メダカ・アメリカザリガニ・ヨシノボリ・ドジョウ・スジエビ、時に金魚類（＊6）など。重要なポイントは、雛の成長段階により、親が餌の内容を変えること。雛の誕生直後は8〜10mmの極小の魚、その後2〜3cmの小さな魚、ザリガニは後半に与えていました。

■巣立ち

巣立ちのタイミングは、雛が孵化してから約24日目。前出の『全集 野の鳥の生態』（→P64）によると、カワセミの雛の体重は、孵化後14〜15日目には親より重い47g、個体によってはそれ以上になることも。そのため親は巣立ちをスムーズにするため、約3日前から餌の量を急激に減らし、雛たちにダイエットをさせます。観察から、このダイエット開始から4日目の朝に巣立つこと、また、巣立ちの時刻は、早朝4時半から5時半が約70%であることもわかりました。

＊6　給餌観察により、カワセミの金魚泥棒が発覚。自然教育園から片道2.6kmの場所（六本木六丁目。現在の六本木ヒルズの場所）に当時あった金魚問屋から運んだと考えられる。その証拠に、問屋閉鎖後は金魚を運ぶことはなくなった。

巣立ち間もないなんとも初々しい幼鳥。止まっているのは繁殖地にもともとあったコンクリート塊にあったもの。撮影可能な止まり木に誘導すべく後にすべて撤去した。

親鳥の巣穴の滞在時間と行動

※両親が失踪してしまった年のもの（2000年）

■…オス ■…メス
■…オス・メス ・…給餌

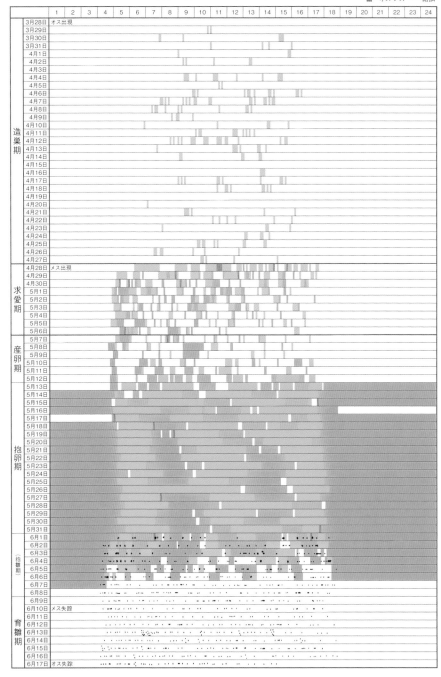

#4 両親の失踪から保護飼育へ

●野鳥を育ててはいけない理由を“体感”

　自然界の厳しさゆえか、理由はわからないものの繁殖期の途中でしばしば見られるアクシデントが、いずれかの親の失踪です。とはいえ残された一羽が孤軍奮闘し、雛たちに給餌して育てあげたという例も過去にはありました。しかし2000年に育雛中だったペアは、6月10日にメス、6月17日にオスと、両親ともが失踪してしまったのです（→P69表）。巣穴の奥からは親（餌）を求めて鳴き叫ぶ雛の声が——。

「ヒナを拾わないで!!」キャンペーン（＊1）などでもわかるように、自己判断で野鳥の危機（と思われる事態）に安易に手を出すことは避けなければなりません。しかし、この明らかな危機に、矢野さんたちは救出を決意。3時間20分をかけて7羽の雛を保護しました（＊2）。

　そこからは里親として、試行錯誤の連続となる雛たちの飼育がスタートです。カワセミは生き餌しか食べないため、朝夕2回、自然教育園の池からモツゴを捕り、自宅近くの鮮魚店からほぼ1日おきにドジョウを購入して与えるという毎日。飼育場は、前半は昼の間は職場（自然教育園）で夜は自宅、後半は自宅の居間を専用飼育場に。水浴び、餌捕りで絨毯はビショビショ、壁は滝のように

＊1　地面に落ちた野鳥のヒナに出会った場合の対応を一般の人に知ってもらうため、環境省後援のもと(公財)日本鳥類保護連盟、(公財)日本野鳥の会、NPO法人 野生動物救護獣医師協会が中心となって展開。四半世紀以上継続実施されている。

＊2　救出後東京都から保護飼育の許可を受けた。

[写真左]救出にあたり、まず巣穴の奥行きと勾配を調べ、救出方法を検討。[写真中]巣穴の最奥部、産室の上にあたる位置の穴を掘ることに。[写真右]救出された直後の雛。ほぼ一日給餌されていなかったため、かなり衰弱していた。

流れる糞——と、20年住んだ官舎だからこそ（？）できた「官舎に感謝!!」の状態だったといいます。

　最終訓練場には自然教育園の大きなインセクタリウム（昆虫舎）を利用（写真下）。約1カ月間の悪戦苦闘の末、7月15日に4羽、30日に3羽の合計7羽、すべての雛が無事自然教育園内の池に放鳥されました（写真上）。

●並行して新たな保護雛を受け入れ

　自然教育園生まれの雛7羽の飼育をスタートして22日目、八王子で雛を保護していた人から飼育依頼の相談が舞い込みます（＊3）。最終的に受け入れた3羽と、すでにいた7羽と合わせ10羽を保護飼育することに。

　八王子からの3羽は自然教育園生まれとは異なり、水浴びや水中の採餌で羽が濡れると羽がなかなか乾かず、2時間近くも飛べないという特徴がありました。成長も遅く、これは保護飼育中、生きた魚の入手が困難であったために必要な栄養が足りず、背中にある油脂線の発達が悪く、油が分泌しなかったことによると考えられました。52日間飼育し、課題を残して3羽を放鳥しましたが（＊4）、これらの保護飼育体験報告からは人間が野鳥の雛を育てあげることの難しさをひしひしと感じさせられます。

［写真左］自宅での給餌風景。1羽1羽確認しながら差し餌を行う。［写真中］難易度（深さ）の異なる水槽を用意し、餌捕り訓練をスタート。［写真右］止まり木から水槽の餌を狙う雛。毎日の新聞紙の取り換えも大変な作業。［写真左下］7羽勢ぞろいの図。壁には液状の糞が滝のように……。

＊3　崖崩れで現れた赤土面に翌春カワセミが営巣。崖崩れ防災工事中にその巣穴で繁殖中の雛が救出され、保護飼育されていた。

＊4　この3羽は2000年9月2日に放鳥。うち1羽が翌2001年3月6日に八王子市の城山川周辺で死亡していることが判明した。悲しい知らせながら半年間は生き延びていたことがわかった。

［写真上］2000年7月15日、4羽の放鳥。朝日新聞社提供　［写真下］インセクタリウム。撮影：川島徹

#5 産室内撮影でわかったこと

●世界初？　食事マナーが明らかに

　2001年は前年、親鳥が失踪した雛を救出する際に巣穴（A）の最奥部にある産室の上部に掘った穴を利用した、新たな観察が計画されました。光・水・ヘビが入らない箱を作り、中に赤外線ランプと監視カメラをセットして、その穴に据え付け、産室内を撮影するというものです。これまで巣穴の外から観察できる親鳥たちの様子、そこからうかがえる産室内の状況についてはかなり考察が進められていましたが、これが成功すれば、親鳥や雛を驚かせずに産室内を覗くことが可能となります。

　残念ながら、2001〜2007年の7年間は自然教育園でのカワセミの繁殖はありませんでした（＊1）。しかし2008年3月9日、2カ月前から時々飛来していたオスが巣穴に興味を示し始めます。いよいよ8年ぶりとなるカワセミの繁殖→産室内観察計画のスタートです！

　抱卵期18日間、抱雛期9日間はメス親が夜産室内に留まっているため、巣穴の中を覗くことはできませんでしたが、雛が誕生して13日目の夜、メス親が完全にいないことを確認し、撮影されたのが右頁の写真です。産室内には7羽の雛がおり、糞で汚れているのではという予想に反し、ザリガニのペリット（→P35）が敷かれた寝床は糞の見られない清潔な空間でした（＊2）

　なお、写真の雛たちのカワセミらしくない地味な羽色は、産室内の赤土で羽毛が汚れないよう、一本一本の羽に「羽軸」という鞘が被さった状態であるため。羽軸は巣立ち寸前になるとすべて取れ、美しい姿に変身します。

　ところで、スズメやツバメの雛は大きな口を開けて餌

＊1　要因のひとつは、外来魚の密放流により、餌となるモツゴ、スジエビなどが激減したため（→P39）。ほかにも、2004年と2007年にも実はオスの飛来があったが巣穴の使用は見合わせるという出来事があり、その理由とみられる産室上部のガラスを布で覆う処置をしたところ、無事繁殖に至った。しかし、撮影はできなくなった。

＊2　傾斜のついた巣穴は、液状の糞が産室から流されやすいという利点もあるらしい。

行儀のよい食事風景

団子状に重なっているように見えて、給餌の際の動きは実にシステマティックなカワセミの雛たち。生中継「カワセミの子育て」(→P75)に参加した来園者たちも、産室での雛の様子を目にして感動しきりだったとか。

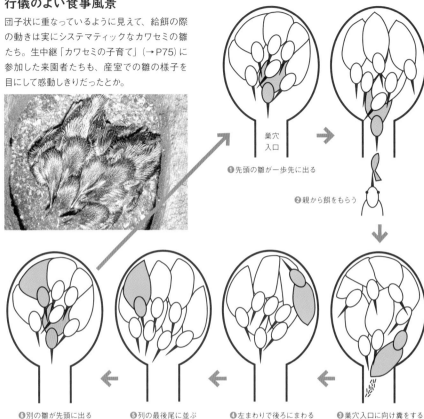

巣穴
入口

❶先頭の雛が一歩先に出る

❷親から餌をもらう

❻別の雛が先頭に出る

❺列の最後尾に並ぶ

❹左まわりで後ろにまわる

❸巣穴入口に向け糞をする

をねだりますが、カワセミはどうなのでしょう? 驚いたことに、ビデオの映像からは給餌される雛たちに暗黙のルールがあることが明らかになりました。

　図のように、産室内で団子状になった7羽の雛のうち、1羽の頭が1歩前に出ています。親が餌を運んでくるとまずこの雛が餌をもらい、次にお尻をトンネルの入口に向け、糞をピッと飛ばします。その後グルリとまわって集団の最後尾に並ぶのです(＊3)。しかしさらに観察を続けていると、3割がズルをして最後尾に並ばないことも発覚。これは小さめの餌をもらった際に取る行動で、給餌される総量の帳尻合わせをしているともいえるのです。

＊3　カワセミ研究に長年取り組まれてきた平成天皇家の紀宮清子内親王（現・黒田清子さん）は「巣穴内の雛が位置を交替しながら親鳥の給餌を受けている事実は、海外の論文などでも見たことがなく、私にとって驚きでございました」と感想を寄せられたという。

自然教育園での繁殖まとめ

●約30年間の観察調査の成果について

　1988年に自然教育園でカワセミの繁殖が確認されてから約30年。下表のように、2016年までの間に確認された自然教育園でのカワセミの繁殖は14回で、おそらく60羽以上の雛が巣立ったとみられています。繁殖地の整備や観察・記録機器の改善を重ねながら続けられてきた綿密な調査により、造巣期・産卵期・抱卵期・育雛期・巣立ちの巣穴外でのカワセミの生態はほぼ解明されたといえるでしょう（＊1）。

　残されたのは産室内の生態調査ですが、前述のように

＊1　とはいえ、ペアが変われば初めて見るパターンも。自然教育園の繁殖では従来オスが巣穴を掘り、ある程度できた段階でメスを呼んでくることが多かったが、2016年はオス・メス共同で赤土にアタックしてゼロから巣作り。しかも2つの巣穴を完成させた。

自然教育園での28年間（1988～2016年）のカワセミの繁殖に関する記録

年	繁殖回数	使用巣穴		予備の巣穴	排卵日数		育雛日数		雛の数		巣立ち日	
		1回目	2回目		1回目	2回目	1回目	2回目	1回目	2回目	1回目	2回目
1988 (昭和63)年	2回	A(77cm)	A'	-	?	?	?	?	1羽+α	?	6月5日	?
1989 (平成元)年	2回	A	A	B(27cm)	?	?	?	?	3羽+α	3羽+α	5月28日	7月16日
1990 (平成2)年	0回	(A)	-	-	オス失踪で繁殖放棄							
1993 (平成5)年	2回	A	B(70.5cm)	C(7cm)	15日	18日	23日	23日	3羽+α	7羽	6月27日	8月14日
1994 (平成6)年	2回	B	C(54cm)	-	20日	18日	23日	23日	6羽	7羽	5月25日	7月11日
1995 (平成7)年	1回	B		D(46cm) E(11cm)	19日	-	23日	-	1羽+(4羽)	-	9月1日	
2000 (平成12)年	1回	A			19日		18日目雛救出 保護飼育		7羽	-	7月15日4羽 7月30日3羽 放鳥	
2004 (平成16)年	0回	-		F(35cm)	-		-		-		-	
2007 (平成19)年	0回	-		G(14.5cm) H(14cm)	-		-		-		-	
2008 (平成20)年	2回	A	C		19日	19日	25日	2日目で放棄	7羽	?	5月25日~26日	-
2009 (平成21)年	1回	I(75cm)			18日	-	23日	-	6羽	-	6月18日	
2016 (平成28)年	1回	K(67.5cm)		J(100cm)	20日	-	22日	-	5羽	-	5月21日	

※巣穴A～Kに続く（ ）内の数値はその巣穴の奥行きを示す。　※1995年(4羽)は巣立ち寸前にアオダイショウに呑まれた。

ファイバースコープなどは使用しない方針なので、2008年に初めて成功した監視カメラでの観察が頼り。撮影機器が設置された巣穴（A）での繁殖が必須条件となるため、これまで以上にカワセミ待ちになるというのが現状です（＊2）。

　なお、自然教育が専門である矢野さんのカワセミ調査研究の大きな目的は、一般の人に広くカワセミの生態を伝えること。これまでギャラリートークなども精力的に実施してきました。1994年を皮切りに、繁殖地から管理棟までをコードで結び、展示室内のテレビでカワセミの繁殖の様子を観察する「カワセミの子育て」生中継も4回行われました。

　また、撮影されたビデオ映像を約19分に構成・編集した動画「カワセミの子育て─巣作りから巣立ちまで─2016年ダイジェスト版」も作成（＊3）。繁殖期には直接立ち会えなかった人も展示室で一連のカワセミの生態を知ることができ、好評を博しました。自然教育をベースとした一連のカワセミ研究は、身近な自然との対し方についてあらためて考えさせてくれるものでした。

[写真上] ギャラリートークでは生中継の映像の解説やカワセミの生態について紹介。[写真下] 繁殖地のカワセミの様子を観察できる「カワセミの子育て」生中継（1994年）。

＊2　産室内が撮影できる機器がセットされている使用頻度の高い巣穴Aは慎重派のペアには年々敬遠されるように。

＊3　巣作り・求愛給餌・抱卵期の交替・雛への給餌・天敵出現のピンチ・巣立ちの瞬間・雛の安全な場所への誘導・園内での巣立ち雛への給餌などを解説付きでわかりやすく紹介。

国立科学博物館附属自然教育園における
カワセミの生態・繁殖研究の詳細がわかる書籍・資料

CHECK!

● 1988年に自然教育園で初めてカワセミの繁殖が確認されてから8年間の報告。
…矢野亮著『帰ってきたカワセミ─都心での子育て　プロポーズから巣立ちまで』（地人書館）
● 『帰ってきたカワセミ』で紹介されたことも含めながら2000年の親鳥2羽の失踪からの保護飼育（里親体験）を中心に21年間にわたるカワセミ調査を報告。
…矢野亮著『カワセミの子育て─自然教育園での繁殖生態と保護飼育』（地人書館）
● 2008年・2009年の繁殖についての報告。
…『自然教育園報告』第48号（第7報）
● 2016年の繁殖についての報告。
…『自然教育園報告』第48号（第8報）

※『自然教育園報告』第48号は国立科学博物館サイト「学術出版物」内『自然教育園報告』下記ページより参照可能。
https://www.kahaku.go.jp/research/publication/meguro/v48.html

カワセミとの30年を振り返って

文　矢野亮

レポートの最後は矢野亮さんご自身より、自然教育園でのカワセミ研究にまつわる思い出を、特に印象深かった調査結果やエピソード等とともにお寄せいただきました。

調査方法の変遷

1988年から1991年までの4年間は、主としてブラインド（→P63写真）の中での肉眼・双眼鏡による直接観察でした。ブラインドと繁殖地内の止まり木とは5〜6mでした。身近に見られるカワセミの美しい姿とかわいらしいしぐさにはすっかり虜になってしまいました。

勤務の間をぬっての観察でしたので、細かい記録はほとんど残っていません。

しかし、カワセミのオス・メスの区別や雛に運んでくる餌の種類はある程度見当がつきました。親が雛に餌を運んでくる時は、魚は必ず頭を先に、ザリガニは必ずしっぽを先にくわえてくることなどがわかりました。

また、1988年に1回、1989年に2回、不完全ですが、巣立ち雛との出会いもありました。

1993年、新しい観察小屋（→P60写真）の建設を機にビデオ機器を導入しました。スイッチを入れると確実に記録を取り続けてくれます。テープ交換は3時間に1回です

が、鳥と出会う機会も減り、通常の勤務もできるようになりました。

しかし、欠点がないわけではありません。早朝・夕方の暗い時間帯の撮影ができないのです。また、時計が内蔵されていないため巣穴近くに時計を置き（→P66写真）、時刻を読みました。加えて機器の操作が複雑で、録画開始時11行程、フィルム交換時6行程、録画終了時11行程もあり、ミスしないよう一番神経を使っていました。

1997年4月より監視カメラシムテムを導入しました。今では防犯に大活躍していますが、当時はさほど注目されず、このカメラシステムは私のカワセミ調査のために開発されたのではないかと思うほど目的にぴったり合っていました。

監視カメラは、うす暗いカワセミの活動時間も撮影可能です。画面には年月日時分秒までの表示があり、秒単位の記録まで取れるようになりました。高密度記録モードにより、コマ落し撮影ができるため、1本のビデオテープで5〜6日、設定によっては2週間以上の連続撮影が可能になりました。これで休日もゆっくり休めますし、短期の出張も可能になりました。また、タイムラプス機能により早朝4時にスイッチを入れ夕方7時にスイッチを切るということも自動的にやってくれるのです。操作も6行程と単純になり負担も軽減されました。

抱卵期の調査

ビデオ機器を導入してからは抱卵期の昼間の記録はかなり細かく取れるようになりました。問題は早朝・夕方の暗い時間帯です。夕方は10日間現地調査をしたところ、日没前後にメスが来て巣穴に入ることがわかりました。では早朝は、大変なので3日間現地調査をしたところ、日の出直後にオスが交替にやってくることがわかりました。でもこれでは完璧な記録とはいえません。

私はふだんはアバウトな性格なのですが、キラキラと光るものを見ると俄然「完璧主義者」に変身するのです。このキラキラ光るものが『カワセミ』だったのです。

1995年、抱卵期の完璧な記録を取る難問に挑戦しました。抱卵開始日の7月22日は、東京での日の出時刻は4時41分頃です。

私は早朝3時30分起床、3時50分自宅出発、4時10分自然教育園到着、そして、4時20分より観察開始します。5時30分頃になるとビデオ撮影が可能になるので帰宅し、フィルム交換の8時30分頃自然教育園に出勤します。

また、日の入り時刻は18時54分頃ですから17時より19時まで観察小屋にこもります。

フィルムが貯まるといやになりますのでその日のうちに整理しますと、帰宅はいつも21時になってしまいます。

7月22日の抱卵開始から8月9日の雛の孵化までの19日間頑張りました。その間トラブルもミスもなく抱卵期の完璧な記録を取ることができました。

1995年の抱卵期の合計時間は434時間31分、このうちオスは162時間28分

（37.4%）、メスが265時間27分（61.1%）で、やはり夜間長時間巣穴に留まるメスのほうが長いということになります。

ほかにも早朝と夕方の交替は規則的、原則1日6交替であることもわかりました。

2000年は、監視カメラですから早朝・夕方の現地調査もなく完璧な記録が取れました。5月13日抱卵を開始し、6月1日終了しています。19日間でオス145時間1分（33%）、メス289時間52分（67%）合計434時間54分でした。1995年との差はわずか21分でした。

この時ちょっとしたハプニングがありました（→P69表）。

5月17日早朝にはオスが交替に来るはずなのですが、メスが止まり木に来たのです。アレ！と思い、前日のビデオを見直すと、暗くなった18時54分巣穴から一筋の水色の線が映りました。メスが交替と間違え巣穴から出てしまったのです。しかし、暗くて巣穴に戻れず近くで野宿でもしていたのでしょう、早朝4時44分止まり木に来て4時52分に巣穴に入りました。そして13分後の5時05分にオスが来ると、メスは何事もなかったように巣穴を出ていったのです。知らぬは亭主ばかりなり！

2016年の抱卵期は、4月8日17時34分にメスが巣穴に入った時点で開始され、4月28日17時28分にオスが巣穴から出てきた時点で終了しました。抱卵期合計時間は479時間54分でした。

1995年、2000年の抱卵期に比べ、2016年は44時間も多くなっています。若いカップルだったとみえ、バトンタッチの悪さ、途中巣穴から抜けサボタージュすること、特にオスは頻繁に巣穴から出て止まり木で"息抜き"をする癖（くせ）がありました。しか

し、中盤の6日目くらいからは経験を積んだと思われ空白部分はほとんどなくなりました。一応これも抱卵期の完璧な記録といえましょう。

育雛期の調査

1994年、雛がかえってから巣立つまでに親鳥は雛に何匹の餌を運ぶのかという難問に挑戦しました。この時はまだビデオカメラの時代です。前述の抱卵期と同様に朝3時30分起床、3時50分自宅発……を繰り返していました。育雛期は抱卵期より長く23日間の長丁場です。

1994年の第1回目は、5月2日雛が孵化してから5月25日の雛の巣立までの23日間に1364匹の餌を給餌しました。この時の雛の数は6羽でしたので、1羽当り約227匹ということになります。

2008年は、監視カメラですので早朝・夕方の現地調査もなく完璧な記録が取れました。育雛期25日間に合計1413匹の餌を給餌しました。この時の雛の数は7羽でしたので、1羽当り約202匹ということになります。

2016年も監視カメラですので早朝・夕方の現地調査もなく完璧な記録が取れました。4月29日から5月20日までの22日間で1201匹の餌を給餌しました。この時の雛は5羽でしたので、雛1羽当りの餌は約240匹となります。

この3回の記録から給餌個体数は1羽当り202～240匹ということがいえそうです。ただし、この値は東京都心部の例であり、地方では大きなウグイ・アユなどを給餌しているため餌の給餌個体数はもっと少ないと思われます。

このような給餌個体数の調査から、給餌の時間帯は早朝と夕方に多いこと、餌の種類は、初期がすべて魚であり、後半になるとザリガニが多くなることがわかりました。

また、雛の巣立ち直前になると餌の量を急激に減らすこともわかってきました。雛は巣穴の中で餌をたくさん食べ、運動もしないので体重が増えてしまいます。仁部富之助氏の論文（→P64）では、親の体重約35gに対し、雛の体重は47～52gになるといわれています。これではスムーズに巣立ちができないと、親鳥は雛のダイエット作戦を展開します。私の調査では多くは巣立ちの3日前からダイエットさせ、4日目の朝に巣立つということがわかりました。

また、巣立ちの時刻ですが、これまで自然教育園の6回の巣立ちの記録を見ると、4時30分～5時が7例、5時～5時30分が19例、5時30分～6時が3例、6時～9時が9例と、4時30分から5時30分が圧倒的に多いことがわかりました。

雛の保護飼育

2000年の繁殖時、6月10日にメスが、6月17日にオスが失踪してしまったため、6月18日、7羽の雛を救出しました。

救出直後に個体識別をするため、それぞれの雛に黄・桃・水色・赤・橙・緑・青の足輪をつけました。この時私は1羽も欠かすことなく7羽すべてを自然教育園の池に放鳥することを決意しました。

とはいえ専門の神奈川県立自然保護センターでの保護飼育例では7羽のうち3羽しか野外に放鳥されていません。不安は残りました。

親鳥は早朝4時30分頃から夕方18時

30分まで給餌しますので、私と家内も同様に4時30分から18時30分頃まで1時間おきに給餌していました。

当時、私は三軒茶屋の官舎に単身赴任、家族は読売ランドの自宅と二重生活をしていました。家内とは毎日電話や書き置きのメモで密に連絡を取り、雛への給餌は1時間とあけないようにしていました。

毎日、朝夕体重を測定し、軽い雛には大きな魚を、重い雛には小さな魚を与えていました。7羽分の生きた餌を確保することは大変でした。入園者のいない早朝と夕方にモツゴを捕り、近くの魚屋からドジョウを購入していました。

なお、初めのうちは差し餌で飼育していましたが、しばらくしてからは部屋に小・中・大の水槽を置き魚を入れて自分で採餌するようにしました。タンチョウヅルなどでは着ぐるみを着て飛行や採餌の訓練をするのですが、カワセミにはその術がありません。

しかし、7羽もいるとリーダー格がいて、「橙」は一番に水浴び、餌捕りをしました。周りで見ている雛たちも次々と水浴び・餌捕りをするようになりました。

ところが「青」は自分では餌を捕らず他の雛の餌を奪い取る生活をしていました。これでは次のステージ（インセクタリウム）へ進めません。

そこで夜「青」1羽だけを放ち特訓しましたが餌を捕らず、翌早朝に起こし特訓したら1匹の大きなドジョウを自分で捕ることができました。これで皆と一緒に次のステージに行くことができたのです。

最終訓練所として選ばれたのがチョウの飼育室のインセクタリウムです。面積80㎡、高さ4mあり、木や草が植栽された半自然の環境です。周囲は二重の金網が張ってあ

るため、ネコ・カラス・ヘビなどの天敵は入れません。

インセクタリウムの中には大きな水槽を用意し、1日7〜8回、1回当り10〜15匹の魚を給餌していましたが、連日すべて食べられていました。

順調に育っていたので7月15日4羽、7月30日3羽の計7羽すべてを自然教育園に放鳥することができました。

これにはモツゴ・ドジョウなどの生きた餌が確保できたこと、自宅が飼育場に使えたこと、家内が毎日餌やりをしてくれたこと、最終訓練所として大きなインセクタリウムを利用できたこと、職場の職員が温かく見守ってくれたこと、そして、私の執念など好条件が揃っていたことが大きな要因であると思われます。

想定外の完璧な7羽の雛の保護飼育でした。

● ● ●

この『にっぽんのカワセミ』に掲載された写真はどれもシャープで、カワセミの美しさ、愛らしさが十二分に表現されています。どうしてこんなに美しい写真が撮影できるのか驚くばかりです。カメラの性能の向上もあるでしょうが、それ以上に日頃からのカワセミに対する愛着、頻繁なフィールド活動の賜物と思われます。

なお、雛の誕生直後は8〜10mmの小さな魚を与えること、親鳥が魚の頭を先にくわえて飛び去った時は繁殖の証拠、巣立ちの時刻は4時30分〜5時30分が圧倒的に多いことなど、カワセミの生態を少しでも知ると、より迫力のある貴重な写真が撮れるかもしれません。

PART-V

カワセミライフ

写真　山本直幸

春
3・4・5月

Spring

12・1・2月
冬

全国各地でたくましく生きるカワセミたち。ここでは長年彼らを見守り
続けてきた山本直幸さんの写真でその一年の様子をお届けします。

summer

夏
6・7・8月

9・10・11月
秋

autumn

草木が芽吹き、昆虫が活動を始める春。カワセミは
繁殖期を迎え、ペアリングのため求愛行動に励みます。

Spring

撮影者コメント

　カワセミは、ほぼ一年中、どこででも見られますが、春はカワセミの繁殖期で、特にその求愛行動は何度接しても興味深く、多くの魅力的な撮影チャンスも与えてくれます。さらに新緑や桜などの花との組み合わせで、美しいカワセミをより一層美しく撮影できる時期でもあります。

　求愛行動のハイライトは、オスが魚などの餌をメスにプレゼントする求愛給餌で、最も感動的な光景でしょう。その後順調に進めば、5月には一番子の巣立ちを迎えます。巣立ち後1週間前後まで、親は雛に給餌しますが、その瞬間も見逃せません。雛はすぐに採餌の試みを始めますが、飛び込んでも、木っ端や葉を捕ったりして失敗を繰り返します。雛同士でけんかをすることもありますが、複数の雛が見られるのもこのタイミングです。親鳥は10日前後で縄張りから雛を追い払うようになり、雛は独り立ちしますが、こうした一連の行動はとても微笑ましく、観察しているだけでも感動を呼びます。

この時期のカワセミは……

Spring

春
3・4・5月

夏
6・7・8月

繁殖に育雛——親となった成鳥が一年で最も精力的
に活動する時期。子世代の成長する姿も見逃せません。

Summer

撮影者コメント Comments from the photographer

　カワセミはこの頃は通常、年に2度繁殖します。一番子の育雛と2度目の繁殖行動が重なり、親は超多忙な動きを見せます。川や池周辺では営巣する場所がほとんどなくなったので、営巣場所がどこなのかわからないケースが多いものの、求愛給餌やその前後の交尾が見られる餌場付近で観察していると、状況は逐一把握できます。

　抱卵から巣立ちまでは45日前後ですが、まず抱卵が始まるとオスとメスの行動パターンが変わります。そして孵化すると、巣穴へ餌運びをするようになりますが、雛の成長に応じて運ばれる餌が大きくなるので、雛の成長具合もわかります。巣立ちが近くなると、短時間に集中して大きな餌を運びますが、その回数によって雛の数も推測できます。さらに巣立ちを促すために数日前から給餌の回数が減るので、ずばり巣立ち日も判断できます。このような流れを日々追って観察するのは楽しいし、やはり無事巣立った雛を見ると、素直に感激します。

summer

夏
6・7・8月

幼鳥の黒っぽい羽色が美しく変化。縄張りでは繁殖
期に疲弊した親鳥との世代交代が見られることも。

Autumn

9・10・11月
秋

この時期のカワセミは……

撮影者コメント　Comments from the photographer

　カワセミは、繁殖期以外は縄張り内で単独行動します。その縄張りの広さは、通常よい餌場のある川では500ｍ前後です。雛は1度の繁殖で5〜7羽なので、2度繁殖に成功すると、個体数はかなり増えることになります。もちろん巣穴に蛇が入ったり、巣立ち直後に天敵に襲われたりして命を失う個体もいますが、いずれにせよ秋は雛の成長にともなって新旧交代の時期になります。2度の繁殖を繰り返したメス親は、体力も消耗しきってボロボロ状態になり、「美しい」とはほど遠い姿になってしまいます。反面、胸と腹部を中心に黒っぽかった雛は、数カ月経つと、足以外から黒さが消えて美しくなります。カワセミにとって縄張りの確保は死活問題なので、縄張りをめぐる攻防、いわゆる縄張り争いはよく見られる光景ですが、たくましくなった幼鳥が成鳥から縄張りを奪うこともあります。秋は葉が色付く紅葉・黄葉の時期なので、撮影では背景のさまざまなバリエーションを楽しむことができます。

冬
12・1・2月

厳しい冬も水辺で採餌の日々。繁殖期が幕を開ける
春が迫ると、また新たな命をつなぐべく動き始めます。

撮影者コメント   Comments from the photographer

この時期のカワセミは……

　一年を通してカワセミに接していると、天敵に襲われる現場を目撃したり、ヘビが巣穴に入るところを親鳥と一緒に眺めたり、そんな悲しさ、辛さも味わいました。でも寒さが厳しくなる時期になっても池や川が凍結しないかぎり、フィールド通いは続きます。

　12月の撮影ではまだカワセミと紅葉やピラカンサの赤い実との組み合わせを楽しむことができます。川では浅瀬で小魚が群れになる場所が多いので、止まり枝が少ない川幅の広めの場所でホバリングを頻繁に披露してくれます。ホバリングは、空中で停止して魚を探す動きですが、1度の撮影チャンスに何度もシャッターを切ることができるので、撮影者にとっては寒さを忘れるほどの楽しさです。2月になるとオスとメスが互いに意識して縄張り内に頻繁に侵入するようになります。侵入を受けたほうはすぐに追い出しにかかりますが、次第に近くに止まって互いに牽制し合うようになり、春の本格的な繁殖行動に入っていきます。

97

成功の裏には

青邨が句に詠んだように（→P42）名人も常に成功ばかりではありません。

❶その瞬間「しまった！」という表情（？）
❷それが大物であればあるほど——
❸あきらめは早い？（ように見えます）

二尾を追うもの

「禍福は糾える縄の如し」。魚たちが水中で集まりがちな冬にはこんな姿も……。

❶ダブルでゲット〜！のラッキーなカワセミ。どことなくドヤ顔
❷1匹落としちゃった！
❸追いかけたい気持ちはわかるけど……（再びの幸運を祈る）

「華麗」はあくまでも一面。「カワセミだもの」とでもいうような興味深い場面に遭遇するからこそ、カワセミ散歩はやめられません！

「自立しないと」

この頃はシーズンに2度繁殖することも多いカワセミペア。そこで一番子が受けた試練とは？

❶最初の雛がまだ隣にいるのに次の繁殖に向け行動する父
❷その姿に自立に目覚め（させられ）る（？）雛
❸早すぎて母に怒られた（？）父

肩すかし？

メスの頭上からオス、接近！　あ、これは──！
参考：交尾までの流れの一例（→P59）

❶すわ、繁殖活動か？（たぶんメスは心の準備中）
❷肩すかしどころか背中がずっしり重くなりました…（何がしたかったの？）

To be continued...

カワセミたちの日々は今日も続きます

カワセミと写真

カワセミに魅せられた人は華麗な姿を写真に収めたくなるもの。その相関関係が生んだもの、未来とは──。

日本最初の野鳥写真も……

日本の野鳥界における人気の被写体ナンバー1といえばやはりカワセミでしょう。その可憐かつ華麗な姿に魅せられ、野鳥撮影にハマる人は少なくありません。

今から約100年前の1922（大正11）年、日本で初めて写真に収められた野鳥も実はこのカワセミでした（→右頁）。撮影者の名前は、下村兼史。日本における野鳥を主とした生物写真の先駆者で、最初の野鳥生態写真家と呼べる人物です。

野生生物を写真で記録すること自体珍しかった1920年代から30年代にかけて、下村は北は北千島から南は奄美大島、小笠原諸島を歴訪し、今日では見られない自然環境と、自然にあるがままの野生生物の姿を写真で記録しました。

そのキャリアの初期における、まさに日本の野鳥生態写真史に刻まれる記念すべき一枚がカワセミだったことは、決して偶然ではありません。この写真が撮影されたのは、佐賀県にある下村の生家の庭でした。1920年に慶應義塾大学文学部予科に入学した下村でしたが、病気のために中退し帰郷。同じ頃病床に伏した父の看病をしながら、縁側のガラス戸から庭の池のほとりの木に止まるカワセミを幾度となく観察していて、なんとか撮影できないかと知恵を絞ったのです。結果、試みたのが、ハンドカメラ（タロー・テナックス）のシャッターレバーにある小さな孔に細い紐を通し、離れたところから紐を引いてシャッターを切ることでした。そして用心深く動きの素早い野鳥の姿を収めることに見事成功したのです。ネガとしてガラス乾板が主に使用されていた当時、その感度の低さもあり、動くもの、ましてや意思の疎通のかなわない野生動物の撮影などは至難の業でした。非常に高いハードルをクリアしたのは、ひとえに観察の積み重ねから得た下村の被写体の生態に対する知識と深い理解、あくなき挑戦によるものだったといえるでしょう。

ちなみに下村は野鳥などを撮影する際はしばしばブラインドを利用していたのだとか。これは姿を隠さなければ被写体は自然な行動をしてくれないという強い信念によるものからだったそうです。

自然を愛する心、野鳥の一瞬に傾ける情熱から生み出された傑作の数々は、日進月歩のデジタルカメラ時代においても（逆に、便利さや手軽さと引き換えにそうした写真表現の美しさが失われてしまった時代だからこそ）、その確固たる魅力で見る人の心を捉えて離しません。

《カワセミ》ガラス乾板のネガ　撮影地：佐賀県佐賀市　1922年1月5日
下村兼史（1903（明治36）年2月14日-1967（昭和42）年4月27日／鳥類生態写真家、記録映画監督）が初めて野鳥の撮影に成功した、カワセミの写真のガラス乾板ネガ（画像は明暗を反転させたもの）。ちなみにガラス乾板は、当時のカメラで使用されていたガラスの表面に感光乳剤を湿布して乾燥させたもの。その発明により屋外での撮影や現像処理が格段に容易となったという。

『100年前にカワセミを撮った男・下村兼史の本』（発行：株式会社フォトクラシック／2020）
2018年、2020年と写真展が開催されるなど近年その業績が再注目されている下村兼史。本書は2018年開催の「―下村兼史生誕115周年―100年前にカワセミを撮った男・写真展」（主催：公益財団法人山階鳥類研究所）のパネル展示を再構成。下村の生涯と功績を豊富な写真とイラストを駆使しながら専門的な内容もわかりやすく解説したA4判ビジュアルブック。

野鳥撮影に最も大切なこととは

　下手な鉄砲も数撃ちゃ当たる。ということわざもありますが、デジタル技術の進化により、ある程度の撮影機材と知識、撮影の機会と時間があれば、カメラ初心者にも奇跡の一枚がかなう確率は高くなりました。しかし先人の素晴らしい仕事が示すように、野鳥撮影の基本は観察にあり。野鳥のできるだけ自然な状態、本来の姿を撮るためには、まず周囲も含めて観察を重ね、文献など資料にあたってそれぞれの生態を知り、習性を押さえた上でのぞむことが必須といえるでしょう。

　撮影したい野鳥が次にどのような行動をしそうか大まかに把握できていれば、その動きに応じて距離をはかり、立ち位置はもちろん狙うべきポイントなども決められます。その結果、自分のイメージする絵柄に近い写真を撮ることがより可能となっていくのです。

　ここで野生動物、中でも野鳥撮影に大きな影響をもたらしたここ30年のカメラの進化の流れについて見ていきましょう。

　最も大きな変化としては、なんといっても銀塩フィルムカメラからデジタルカメラへの移行です。ずいぶん昔のことにも思えますが、一眼レフカメラにデジタル技術が導入されたのは、実は1980年代になってからでした。ビデオカメラで先に普及していた技術が投入されたデジタルカメラが市場に登場したのは1990年代以降。インターネットが一般に普及した2000年代に実用レベルとなり、銀塩フィルムカメラに拮抗し、やがて逆転。80年代のポケベル→スマートフォンにも通じる驚異のスピード感で進化を遂げました。

　デジタルカメラの最大のメリットといえば、フィルムのように撮影枚数を気にする必要がほぼないということでしょう。撮影した画像をその場ですぐに確認でき、不要な場合は削除も簡単。電子メールでの送信、家庭用プリンタで手軽に印刷できるようになると、カメラ自体の存在が一気に身近になりました。SNSで発信したりするという目的も加わると撮影という行為はごく日常的なものとなり、これも携帯電話に似ていますが、カメラは人々の生活まで大きく変えたのです。

ニーズが生んだデジスコ人気

　話は戻りますが、野鳥撮影に特に必要とされる機材といえば、超望遠レンズです。そのためレンズ交換可能な一眼レフカメラとの組み合わせが主流となりますが、特に2010年代までは、レンズもカメラもとにかく重くて高額でした。とりわけ多くの女性にとっては、価格以上に重さの問題から「使いたくても使えない（使いこなせない）」状態になっていたケースが多々あったのです。

　そんななか、超望遠撮影を可能にしたのがデジスコ（「デジ」タルカメラ＋フィールド「スコ」ープからの造語）でした。これは一般的なコンパクトデジタルカメラと、バードウォッチング用のフィードスコープ（望遠鏡）を組み合わせて、超望遠撮影が楽しめる仕組みです。一眼レフ＋超望遠レンズよりも軽量で安価なので、女性や初心者などを中心に急速に普及し、野鳥を撮影する人が一気に増加しました。機材重量の気になる海外での撮影に軽量システムのデジスコを何度も持参したとい

野鳥写真家 嶋田忠とカワセミ

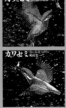

国際的な評価も高い自然写真家・嶋田忠（1949-）。野鳥少年だった嶋田氏のキャリアは大学2年生の冬に長野・千曲川支流での長年憧れていたカワセミとの出会いをきっかけにスタートしました。その後、地元埼玉の高麗川で生息地を見つけ、カワセミ撮影に没頭。創刊を控えた平凡社『アニマ』編集部と縁ができ、1973年12月号で「ヤマセミ」、翌1974年2月号で「カワセミ」を発表し写真界にデビュー。下村兼史の弟子の周はじめ氏に知遇を得るなど、その写真と姿勢は尊敬する先輩からも厚い信頼を寄せられました。2019年には東京都写真美術館で約40年に及ぶ創作活動と新作で構成された個展も開催されています。

今西錦司／中西悟堂監修『アニマ』誌（写真左）への寄稿は生態研究としても秀逸で高い評価を受けた。『カワセミ—清流に翔ぶ』平凡社／1979（写真上）、『カワセミ—青い鳥見つけた』新日本出版社／2008（写真下）ほか鳥類の写真集を多数発表している。

う声も。また、遠くのものを大きく撮影出来るだけでなく、近距離ではバストアップ写真以上、顔部分のドアップなど、鳥のポートレートのような写真が可能というのも、デジスコの魅力でした。

一方で、デジスコ撮影にはいくつか弱みもあり、それをフォローしてくれる三種の神器的アイテムが、照準器と雲台、三脚でした。これらの効果はコンパクトカメラ以外でも当然期待できるので、照準器を一眼レフでの撮影にも愛用する人も増加しています。

ちなみに照準器は使わないという山本直幸さん（→P104）は、「照準器を使わないカメラマンはいまや少数派。機材などの導入でいろいろ工夫して自分が目指す写真が撮れるようになるのであれば、利用者には十分その価値があるし、正しい選択だと思います。むしろ私の撮影スタイルが古くさいのかもしれません。しかし撮影スタイルは人それぞれ。結果を残すためには撮影機材を徹底的に使いこなし、自分に合った撮影スタイルを確立することが大事だと思います」と。

野鳥写真のすそ野が広がるにつれ、絵画の画材、フィルムとデジタル撮影写真の違いとまではいかなくとも、こうした機材の違いなども撮影者の個性とともにその写真に反映されるのかもしれません。

ミラーレスカメラの台頭

野鳥撮影をもっと手軽に楽しみたいという人のニーズに応え、一切を風靡したデジスコ。しかし性能上、高画素・高画質化が進むデジタル一眼レフに対する一方の雄とはなりませんでした。その地位に就くべく2000年代後半に登場したのが、ミラーレス一眼カメラです。ここにおいて高画素・高画質な撮影が可能となり、小型・軽量化にも拍車がかかりました。その後、レンズも進化し、大幅な軽量化がさらに実現。時代の流れは明らかに一眼レフからミラーレスに移行しています。こうして新たなユーザーを取り込みながら、カワセミの写真は新たな表情を見せてくれるのでしょうか。

INTER VIEW

魅せられて四半世紀

山本直幸さん
やまもとなおゆき

1996年12月、近くの公園でカワセミに出会い、観察、撮影をするようになった山本さん。翌97年にはサイト「カワセミとの出会い」を立ち上げ、カワセミの魅力の発信をスタート。定年退職後は四季を通じて「カワセミ散歩」を満喫する日々を送られています。

――山本さんがカワセミを初めて撮影されたのはフィルムカメラでしたか。

　私がカワセミ撮影を始めたのは1997年で、まだデジタル一眼レフカメラが一般ユーザー向けになる前でした。レンズも野鳥撮影に必須の超望遠レンズはオートフォーカスがようやく発売されたタイミングで、したがってカメラは銀塩、レンズはマニュアルフォーカスから始めました。2001年からカメラはデジタル、レンズはオートフォーカスを使用しています。最初は止まっているカワセミしか撮りませんでしたが、いや、撮れなかったですが、次第に動きのある瞬間を試すようになりました。全く撮影経験のなかった被写体、小さくて動きの速いカワセミをマニュアルフォーカスで合焦させるのは極めて難しく、失敗の連続でした。しかもデジタルなら無制限に何度でもシャッターを切れますが、銀塩のフィルムでは1本の撮影可能枚数が24枚、36枚と限定されるの

で、データとして残せる画像は本当に少なかったです。ただひたすら失敗を繰り返すことが、上達への道でした。

――カワセミの世界に特に引き込まれていった理由というのは？

　強いていえば、求愛給餌でしょうか。オスがメスに魚をプレゼントして求愛するシーンを初めて見た時の感動は今でも忘れられません。採餌、ホバリング、縄張り争い、育雛など、カワセミには惹かれる点が多く、生態を知れば知るほど興味が沸いてきます。日々観察や撮影をしていても未だに不可解なことが多々あり、その奥の深さも感じています。

――カワセミの撮影を始められた場所、当時の様子についてお聞かせください。

　私が初めてカワセミに出会い、撮影を始めたのは、練馬区の石神井公園、いわゆる都市公園の餌付け場所でした。公園を散歩していて、複数のカメラマンがレンズを向けていなければ、その先にいたカワセミに気づくことはなかったでしょう。「こんなきれいな鳥がいるんだ……」と、しばらく目を奪われてしまったことを覚えています。何の知識も事情も知らぬまま撮影を始めたのは、そのような場所でしたが、広い公園内には3つの池があり、常時数個体が自然の中で飛び回っているような環境だったので、餌付けという不自然なつき合い方をしていることに疑

「ピラカンサの花は5月中旬に咲きます。右の写真と止まった場所は同じでも、カワセミの美しさは全く違う伝わり方をします」

「秋、赤い実を付けたピラカンサの枝に飛来したカワセミです。夕陽が当たる場所と当たらない場所の色のコントラストを上手く表現できました」

問を抱き、餌付け場所から遠ざかるようになりました。石神井公園は住宅が密集する中にあり、営巣できる場所は限られています。実際にどこで営巣しているのかわかりませんでしたが、求愛給餌などの繁殖行動や巣立ち雛の様子などを観察できました。マンションの工事現場とか石神井川の護岸の裂け目とかで営巣したという話も聞いています。都会のカワセミは、時とともに自ら厳しい環境に適応して繁殖を繰り返し、たくましく生きているということでしょう。

当時は週末しか撮影に出られませんでしたが、清流に生きるカワセミの聖地と言われていた高麗川の巾着田にも通うようになりました。巾着田はもう一帯がコン

クリートの護岸になって営巣場所がなくなり、都市部と変わらない環境になってしまいましたが、以前は本当にカワセミには素晴らしい自然環境でした。私が初めてヤマセミに出会ったのも巾着田でした。

──撮影されていて「へぇー」と意外に思われたことなどはございますか?

大体初めて見る光景には、「へぇー」と思いますが、長年つき合っていると、抱いた疑問はほとんど解けました。しかし未だに解けないのがホバリング時の謎です。一眼レフカメラは、機構ブレ(ミラーショック)が発生するため、シャッターボタンを押した瞬間、少なからずブレます。そこで止まっているカワセミを撮る場合でも、ブレ写真にしないためにある程度速

いシャッタースピード、例えば1/250秒を確保して連写します。しかしホバリングの場合、1/4秒という超低速でも頭部が完全に静止した瞬間を撮ることができるのです。もちろん1/4秒という間に4、5回羽ばたいているはずなので、羽はほとんど写りません。それでも頭部が完全に止まっている撮影結果を見て、まさに「へぇー」と思いました。

――一連の経験から考えたり学ばれたりしたことについてお聞かせください。

被写体が自然界の生き物なので、なかなかイメージ通りには撮れないのですが、よい写真を撮るためには、カワセミの習性や行動パターンをしっかり把握することが求められます。例えば飛び出す瞬間などは、飛び出してからシャッターを切っても、カメラのタイムラグがあるので何も写りません。しかし観察で知り得た飛び出す前のシグナルを察知してシャッターを切れば撮ることも可能となります。最も魅力的で感動的な求愛給餌のシーンは、想定以上に短い、ほんの一瞬の出来事です。オスの動きを追うのではなく、給餌を受けるメスにレンズを向けてその瞬間を待たなければ、シャッターチャンスを逃してしまうでしょう。カワセミ撮影で最も重要なのは、最高のカメラ機材に頼るのではなく、まずはじっくり観察することだと、経験上からも断言できます。

――温暖化ほか環境の変化がいわれますが、それについて何か気づかれたことは?

ことカワセミに限って言えば、撮影を始めた当時は、年に1度しか繁殖しなかったのに、今では2度、3度繰り返し繁殖するようになりました。何よりも川の護岸工事が加速し、川では営巣できない環境

に変化したことは、カワセミにとっては大きな死活問題だったはずですが、カワセミは見事にその変化に適応し、新たな生息環境を見出しているといえるでしょう。

――ちなみにお気に入りのカワセミ撮影スポットはどんな場所になりますか。

餌付け場所が撮影の出発点であった反動からか、都心から離れた川へ出かけることが多かったのですが、知人の地元でカワセミ撮影に向いている場所を教えてもらいました。それが清瀬市の金山緑地公園とその横を流れる柳瀬川です。公園といっても餌付けとは全く無縁で、地元のカメラマンはまさに自然の中でカワセミとの出会いを楽しんでいる素晴らしい環境です。仕事休みに足を運ぶようになり、定年後は引っ越すことを決めていました。池の中州にはピラカンサ、トベラ、モクゲンジ、白式部の木、池の周りには柳や葦などがあり、カワセミはどこからでも飛び込んで採餌できます。5月にはピラカンサとトベラの花が咲き、10月以降ピラカンサの実が赤く色付きます。冬場は川で実の付くセンダンの木に止まっているところをよく見かけます。公園や川にある桜や紅葉の木は、カワセミが止まる位置にないのが残念ですが、新緑や紅葉・黄葉を背景に取り込むと、美しいカワセミが映え、一年を通して季節感溢れるカワセミ写真が撮れます。

――ここでご自身が運営されているカワセミ専用サイトについて、また今後チャレンジしてみたいことについてお聞かせください。

1997年にサイト「カワセミとの出会い」を立ち上げ、独自ドメインを取得して本格的にカワセミの魅力を紹介するようになりました。当時はまだ無料で誰でも簡単に

「獲物の美しさは今ひとつですが、水出の瞬間にカワセミの背中が全開で美しく、振り向き加減という瞬間を切り取ることができました」

（→ P23）

「カワセミは死んでいる魚は食しませんが、呑み込む前にくちばしがすべって落としてしまった魚は、生きていればしっかり捕まえます」

（→ P12-13）

「カワセミはホバリング時に20回前後羽ばたきます。超低速のシャッタースピードで撮ると、数回羽ばたいている様が写っているはずなのですが……」

（→ P47）

「大きな魚を捕らえて水中から飛び出してくる瞬間は何度も撮っていますが、この瞬間は本当に嬉しそうな表情をしています」

（→ P49）

「ガマの穂のこの場所に背中向きに止まって、こちら向きになってくれたら……という願い、イメージ通りになりました」

（→ P4-5）

「巣立ち後の親から雛への給餌シーンは何度も撮影していますが、この瞬間は餌をもらう雛と、少し離れたところから見ている雛の表情が……」

（→ P28-29）

「幼鳥は小さな魚を捕ることのほうが多いですが、この瞬間は羽の開き、水飛沫などが絶妙のタイミングで表現できました」

（→ P49）

「石止まりのカワセミは、いつも水鏡を意識しますが、これほど完璧な水面の映り込みの瞬間が切り取れたことはないです。むしろ映っているほうがより解像し、毛など細部までより鮮明に表現できています」

（→ P95）

ブログなどで写真を紹介することができる環境ではなかったので、サイト上に用意していた複数の画像掲示板も大いに賑わいました。「トビモノ」（飛翔系）、「トマリモノ」（静止系）といった言葉は、私がサイト上で使い始めた造語ですが、多くの方が普通に使うようになったことは、カワセミ専門サイトの発信力がそれなりに大きかった証だと思っています。

今後チャレンジしてみたいこととしては、やはり今まで出会った、そして今後出会うであろう日本だけでなく、海外のカワセミの仲間をより広く紹介するために、「カワセミとの出会い」の集大成として写真集などを出したいです。

――最後に、読者の方にメッセージを。

カワセミは身近な場所での出会いが可能な最も美しい鳥です。そしてその出会いは、建物が密集して緑の少ない場所であっても、自然を身近に感じさせてくれます。カワセミが生きられる自然環境は、私たちが守ってあげたいですね。

サイト「翡翠（カワセミ）との出会い」：
https://www.eisvogel.jp/
Twitterアカウント:カワセミとの出会い（@eisvogel7）
https://twitter.com/eisvogel7
本書掲載写真一覧→P111

カワセミを撮る人に聞く❷

野鳥撮影の魅力に開眼 三島薫さん
（みしまかおる）

カワセミをはじめ出会った野鳥のさまざまな写真をTwitterなどSNSを中心に発表されている三島さん。実際のカワセミとの出会いから4年強、新鮮な驚きに満ちたその写真の数々は、見る人の共感を呼び起こしてくれます。

──まず最初に、三島さんとカワセミとの出会いについてお聞かせいただけますか。

カワセミという鳥の存在は、幼い頃テレビの映像などを通して自然と意識するようになっていました。当時は青くてきれいで飛ぶのが速い鳥、といった漠然としたイメージを抱いていたと思います。

初めて実際のカワセミを見たのは2017年11月です。写真に興味を持ち、カメラを手にして、野鳥を撮るようになってからのことでした。

──カワセミを実際に目にされた時の感想は？

初めて見た時は、とにかく小さくてきれいでかわいくて。ファインダーを覗きながら『かわいい……』と思わず呟いたのを覚えています。

ダイナミックに水にダイブする狩りを初めて見た時は、驚いてますますカワセミに興味を持つようになりました。

──撮影中に気づいたり感心されたりした

カワセミの様子について教えてください。

ある日公園でカワセミの撮影をしていたら、水にダイブして捕らえた魚を逆さにくわえて頻繁に往復しているのを見て、巣穴に餌を運び込んでいるんだと気づき、頼もしいお父さんなんだと感激しました。

──一年を通して、どの季節のどんなカワセミの姿に惹かれますか？

寒い時期に冬羽になったカワセミを撮るのがとても好きです。特に、枝や高い所から水の中にいる獲物を狙っている姿（→P10、P14-15）に惹かれます。

──他の鳥と比べて特にカワセミに惹かれる点はどんなところでしょう。また、カワセミ以外で三島さんが惹かれる鳥は？

カワセミのかわいいシルエットに豪快な狩り、素早く一直線に飛んだりホバリングしたり……。動きもコミカルで魅力的なところに惹かれます。

カワセミ以外ではアカショウビンが好きですね。シルエットがかわいく、燃えるような赤がとてもきれいです。足が短い鳥に惹かれるのかもしれません（笑）。森に響く独特な鳴き声が聞こえるとドキドキします。

──カワセミほか、野鳥を撮影するにあたって工夫されたこと、導入された機材などはございますか。

カワセミを撮るために、安定性の高い三脚と雲台を導入しました。

野鳥の撮影を続けるうちにいつの間にか機材が大きく重量も重くなって。移動に苦労することもあります。

──カワセミの観察、撮影はどこで、どのくらいの頻度で行われていますか。

休日の時間がある時は、お気に入りの撮影スポットでもあるカワセミのいる都市公園を訪れるようにしています。その公園は車で1時間ほどの場所にあるのですが、池でよくカワセミがホバリングをしているんです。まれに近くに止まったりするのできれいな姿に見入ったりしています。

──撮影されていて「やった！」と思われる瞬間は？　また、今後撮ってみたい場面などがありましたら教えてください。

ダイビングやホバリングが撮れるとうれしいですね。

今後撮りたいのは、近距離での水へのダイビングです。以前撮れた写真では、近距離での水からの飛び出しで顔のピントは外れてくちばしの端は画角から外れてしまい、残念な思いをしました。次こそは上手く撮りたいです。

──ちなみにSNSで人気を集めるカワセミの写真はどのようなものが多いですか？

SNSではカワセミが大きく撮れたり（→P21）羽根の細部まで解像していたり（→P24-25）、色が鮮やかな写真が人気だと思います。糞をした瞬間（→P56最下段、P109右下）などは意外な人気がありますね。

──今後カワセミに関して取り組んでみたいといったことについてお聞かせください。

一年間を通して生態観察を兼ねた撮影にチャレンジしたいです。腰を据えてじっくりと観察する、難しいことかもしれませんが挑戦してみたいです。

Twitterアカウント：カオル（@kaorun_p）
https://twitter.com/kaorun_p
本書掲載写真一覧→P111

おわりに

じっと獲物を待つ「静」から一転、超高速ダイビング＆狩る「動」へ──。見かけのみならずそのしぐさでも、人々の心を（カワセミながら）ワシづかみにする小さな青い鳥。人は昔から言葉で、絵画で、そして写真で、その魅力を伝えようとしてきました。"100年前にカワセミを撮った男"下村兼史には果たせなかった奇跡の瞬間も、デジタル技術をもってすれば押さえることができるようになった現代。しかし時代が変わっても、シャッターチャンスを引き寄せるカギは、カワセミについての知識と理解であることは変わりません。カワセミ撮影をきっかけに、川の清掃など身近な環境保全活動に携わるようになった人も。本書がカワセミとのそんな新たな出会いの一助となりましたら幸いです。

BIBLIO GRAPHY　参考文献

『帰ってきたカワセミ─都心での子育て プロポーズから巣立ちまで』矢野亮 著／地人書館／1996
『カワセミの子育て─自然教育園での繁殖生態と保護飼育』矢野亮 著／地人書館／2009
『自然教育園報告』第48号／国立科学博物館／2017
『しろかねの森番50年─自然教育の神髄を探る─』矢野亮 著／私家版／2021
『どうぶつと動物園』2019年・冬号／東京動物園友の会
『カワセミ─清流に翔ぶ』嶋田忠 著／平凡社／1979
『アニマ』1974年2月号／平凡社
『月刊BIRDER』2017年5月号／文一総合出版
『月刊BIRDER』2013年6月号／文一総合出版
〈BIRDER SPECIAL〉華麗なる水辺のハンター カワセミ・ヤマセミ・アカショウビン』BIRDER編集部 編／文一総合出版／2008
『全集 野の鳥の生態』仁部富之助 著／内田清之助 編／光文社／1951
『新編風の又三郎』宮沢賢治 著／新潮文庫／1989
『短歌俳句 動物表現辞典─歳時記版』大岡信 監修／遊子館／2002
『下村兼史 生誕115周年 100年前にカワセミを撮った男（写真展 図録）』公益財団法人 山階鳥類研究所／2018
『世界大百科事典』平凡社／1998

監修　矢野 亮（やの まこと）

独立行政法人国立科学博物館附属自然教育園名誉研究員。1943年満州生まれ、東京育ち。東京教育大学農学部林学科卒業。1969年より国立科学博物館附属自然教育園に勤務、2008年定年退職、現在名誉研究員。関東学院女子短大・大学非常勤講師、日本鳥類保護連盟評議員。著書に『帰ってきたカワセミ』『カワセミの子育て』（地人書館）、『自然観察ガイダンス』『街の自然観察』（筑摩書房）、『植物のかんさつ』（講談社）などがある。

編集　ポンプラボ

出版物・Web媒体等コンテンツの企画・編集制作・出版を行う。企画・編集書籍に『にっぽんスズメ歳時記』など「にっぽんスズメ」シリーズ、『にっぽんのカラス』（カンゼン）ほかがある。リトルプレス『点線面』を不定期刊行中。

写真・取材協力

山本直幸
三島薫

Special Thanks

塚本洋三（バード・フォト・アーカイブス）
石丸喜晴（デジスコドットコム）

STAFF

企画・編集　　　ポンプラボ
ブックデザイン　大森 由美（ニコ）
構成　　　　　　立花 律子（ポンプラボ）

にっぽんのカワセミ

発行日　　　2021年4月20日　初版

監修　　　　矢野 亮
編集　　　　ポンプラボ
発行人　　　坪井 義哉
発行所　　　株式会社カンゼン
　　　　　　〒101-0021
　　　　　　東京都千代田区外神田2-7-1 開花ビル
　　　　　　TEL:03（5295）7723　FAX:03（5295）7725
郵便振替　　00150-7-130339
印刷・製本　株式会社シナノ